激发孩子兴趣的
恐龙百科

冰河 编著

中国纺织出版社有限公司

内 容 提 要

在遥远的"中生代"，地球上生活着一群神秘的庞然大物——恐龙，它们统治着地球长达 1.6 亿年，却在 6500 万年前神秘消失，给人们留下了无尽的疑问。它们曾有着怎样的外形，又是怎样生活的？为何灭绝……

本书内容生动有趣，配有插图，为孩子呈现久远的恐龙世界，让孩子了解每一种恐龙的外形特征、食性、性情及喜好的同时，能够有更直观、精彩的阅读享受。

图书在版编目（CIP）数据

激发孩子兴趣的恐龙百科 / 冰河编著. -- 北京：
中国纺织出版社有限公司，2024.2
　ISBN　978-7-5180-9653-4

　Ⅰ.①激…　Ⅱ.①冰…　Ⅲ.①恐龙—儿童读物　Ⅳ.
①Q915.864-49

中国版本图书馆CIP数据核字（2022）第113386号

责任编辑：刘桐妍　　责任校对：高　涵　　责任印制：储志伟

中国纺织出版社有限公司出版发行
地址：北京市朝阳区百子湾东里A407号楼　邮政编码：100124
销售电话：010—67004422　传真：010—87155801
http://www.c-textilep.com
中国纺织出版社天猫旗舰店
官方微博 http://weibo.com/2119887771
三河市延风印装有限公司印刷　各地新华书店经销
2024年2月第1版第1次印刷
开本：710×1000　1/16　印张：13
字数：128千字　定价：49.80元

孩子们，如果你曾经去过自然博物馆，你可能看到过恐龙的化石标本，你是否被其深深的震撼？你是否也曾在电视节目中见到过恐龙的模样，好奇地球上是否真的存在过这样的动物？答案想必是肯定的。那么，你知道你所了解的只是恐龙知识的冰山一角吗？你知道恐龙有多少种吗？你知道最大的恐龙长什么样吗？你知道什么恐龙的蛋最大吗？你知道中国曾出现过哪些恐龙吗？

其实，对于这样的问题，不只是你，很多成年人也未必了解。恐龙是一种神秘的生物，它们生活在遥远的"中生代"，大多数体型极为庞大，它们曾是地球的主宰，统治地球长达1.6亿年，森林、平原、湖泊到处都是它们的身影，然而，6500万年前，这一神秘的物种却突然消失了，它们是怎样诞生的，到最后又是怎样灭绝的？这些都是人们好奇的问题。

值得庆幸的是，大量的恐龙化石为科学家和生物学家们的探秘工作提供了依据，不仅如此，一些求知欲强的小朋友，也痴迷于研究恐龙的知识。

为满足小朋友们的好奇心和求知欲，我们特地精心编写了这本书。本书分为五个章节，包括恐龙的诞生与习性概述，三叠纪、侏罗纪、白垩纪三个时期的恐龙以及恐龙灭绝探索之谜，从时间角度介绍了不同时期具有代表性的恐龙的外形特征、生活概况以及化石研究，向孩子们展示了神秘的恐龙世界。本书内容丰富、语言活泼，孩子们，你最想看到和了解的关于恐龙的疑问，都能在其中找到答案，那么，接下来，我们就一起来开启这段神奇的恐龙探索之旅吧！

编著者

2022年4月

目录
CONTENTS

第01章
古老又神秘的生命：恐龙的诞生与习性概述

恐龙，一个古老又新奇的名字。小朋友们，生活中你是否经常听到周围的人提起恐龙这一动物，甚至在各种故事中你也听到过，却从未有人真正见过。那么，恐龙究竟是一种怎样的动物，它长什么样，又有怎样的生活习性呢？接下来，让我们一起来探索恐龙的世界吧。

认识和了解恐龙

提到"恐龙"这个名字，相信很多小朋友并不陌生，在一些动画片中经常能看到，如果你去过自然博物馆，也可能见过恐龙化石，那么，恐龙是一种什么样的动物呢？

恐龙是生活在中生代时期（约2.3亿年前）的一类脊椎动物，那个时候，人类还没有出现。恐龙有矫健的四肢、长长的尾巴和庞大的身躯。它们主要栖息于湖岸平原（也可能是海岸平原）上的林地或开阔地带。

实际上，因为恐龙生存年代距离现在已经太过遥远，且已灭绝，人们无法通过它们的现存生活轨迹去了解，只能借助它们的化石来研究和分析。人类研究恐龙化石的历史由来已久，早在发现禽龙之前，欧洲人就已经知道地下埋藏着许多奇形怪状的巨大骨骼化石。直到古生物学家曼特尔发现了禽龙，并将其与鬣蜥进行了对比，到此科学界才逐渐认识到这是一群类似于蜥蜴的早已灭绝的爬行动物。

1842年，英国古生物学家查理德·欧文首次创建了"dinosaur"（恐龙）这一名词。英文的dinosaur来自希腊文deinos（恐怖的）saurosc（蜥蜴或爬行动物）。当时的欧文认为，这"恐怖的蜥蜴"或"恐怖的爬行动物"是指大的灭绝的爬行动物（实则不是）。实际上，那个时候发现的恐龙并不多。

1989年，科考人员在南极也发现了恐龙生存的证据——化石，随后，在世界的七大洲均发现了恐龙化石，目前世界上被发现的恐龙至少有650个属（这只是生物学上的分类方式，不同于现代动物的划分方法）。后来，中国、日本等国家的学者把它译为恐龙，之所以这样翻译，是因为这些国家流传着关于龙的传说，他们认为龙是鳞虫之长，如蛇等就素有"小龙"的别称。

1824年，英国矿物学家根据一些脊椎动物的骨骼命名了"巨齿龙"。巨齿龙长达10米，体积相当于一头2米多高的大象！

恐龙有哪些特征呢？下面给大家详细介绍一下。

第一，恐龙是"中生代"时期的多样化脊椎动物，大多数属于陆生爬行动物。说它是脊椎动物而不说是爬行动物的原因是：恐龙曾经被归为爬行动物，但是它们并不是匍匐的行走方式，以及现在一直被质疑的冷血动物一说，很明显都是不符合爬行动物的特征的。

第二，恐龙种类繁多。恐龙并不是某一个动物，而是一个庞大家族的统称，且呈现出多样化的特征。截止到2006年，科研人员已经发现了500个属的恐龙，化石记录中曾出现的属总数约为1850个，当中有75%已找到化石。一个早期的研究推测，恐龙有将近3400个属，但大部分并未形成化石得以保存。

恐龙中有草食性动物，也有肉食性、杂食性动物。有些恐龙以双足行走，有些恐龙以四足行走，有些如砂龙和禽龙可以在双足和四足间自由转换。很多恐龙身上都长了鳞甲，或是头部长有角或头冠。尽管恐龙以体型庞大而著称，但也有很多恐龙的体型非常小，只有人类一般大，甚至更小，目前已经在包括南极洲在内的所有大洲内发现了恐龙化石，无论体型大小，恐龙对陆地生活的适应性堪称卓越，但它们无法占据海生以及飞行动物的生态位。

化石是古生物学家研究恐龙的重要突破口，以此来推测恐龙的形态与习性。根据他们的研究得知，恐龙就如同现生的动物一样：有大的，有小的；有的以两条腿走路，有的以四条腿走路；有的是两条腿或者四条腿间或行走，且食物特性也各有不同，但它们也存在很多共同之处，例如所有的恐龙头部都很小，当然，一些肉食恐龙除外，它们都把蛋下在陆地上（所有的恐龙都是一样的）。不过在一些课本中，有"鳄鱼就是恐龙的后代"这样的论断，鳄鱼与恐龙确实存在很多相似之处，如它们都有着锋利的牙齿、皱皱的皮肤、长长的尾巴等，对于鳄鱼到底是不是恐龙后代也是很多科学家研究的课题。

第三，恐龙曾支配全球陆地生态系统超过1.6亿年之久。恐龙最早出现在2.3亿年前的三叠纪，灭亡于约6500万年前的白垩纪晚期。

最古老的爬行动物可追溯至古生代之"宾夕法尼亚纪"（3.2亿～2.8亿年前）。追本溯源，爬行动物当系由两栖类演化而来。两栖类的卵需在水中才能开始发育。爬行类演化出卵壳，可阻止卵中水分的散发。此一重大演化，使爬行类可以离开水生活。

从2.45亿年前到6500万年前的中生代，爬行类成了地球生态的支配者，故中生代又被称为爬行类时代。大型爬行类恐龙即出现于中生代早期。植食性的易碎双腔龙，是体形与体重最大的陆栖动物。棘龙是目前已知的最长的肉食性恐龙。另有生活在海中的鱼龙与蛇颈龙及生活于空中的翼龙等共同构成了一个复杂而完善的生态体系（海生爬行动物与翼龙均不是恐龙）。

爬行类在地球上繁荣了约1.8亿年。这个时代的动物中，最为大家所熟知的就是恐龙。一提到恐龙，人们眼前就会浮现出一只巨大而凶暴的动物形象，其实恐龙中亦有小巧且温驯的种类。恐龙种类多，体形和习性相差也大，其中最大的易碎双腔龙身体长度可能超过50米。就食性来说，植食性恐龙更温顺，而肉食性恐龙则凶悍、残暴，还有荤素都吃的杂食性恐龙。

恐龙统治了地球大约有8000万年（1.44亿~6500万年前）。不过，令人诧异的是，6500万年前白垩纪结束时，恐龙就神秘消失了，成为地球生物进化史上的一个谜，这个谜至今仍无人能解。地球过去的生物，均被记录在化石之中。中生代的地层中，便曾发现许多恐龙的化石。其中可以见到大量或呈现各式各样形状的骨骼。但是，在紧接着的新生代地层中，却完全看不到非鸟恐龙的化石，由此推知非鸟恐龙在中生代时一起灭绝了，如今仅存鸟类，大多数科学家都认可"鸟类起源于恐龙"的说法。

奇异的恐龙化石

恐龙死后，它们的尸骨会在经年累月后变成化石，这些化石能为考古学家们提供大量科研信息，能让他们更加清楚地了解恐龙的生存状况。

并不是所有的动物尸骨都能变成化石，实际上这种概率很小，因为通常来说，某种动物在被更强的动物或者成群的动物捕食后，它们的身体连同骨头都会被吃掉或者拆开。不过当时的地球上生存着数百万只恐龙，迄今挖掘的恐龙化石，大多数发现在水边或者靠近水边的地方，它们的尸体都被泥沙掩埋。

恐龙死后被沉积物或者泥沙掩盖后，就开始了漫长的石化过程，在这些沉积物中，有细小的颗粒，会在尸体表面形成一层松软的覆盖物，这就好比一条"毯子"，这条"毯子"可保护动物尸体免受食腐动物的侵袭，也可隔绝氧气，抑制微生物的分解。

恐龙的骨骼和牙齿等坚硬部分的主要组成成分是矿物质，这一物质在地下往往会重新分解和结晶，进而变得更为坚硬，这一过程被称为"石化过程"。而随着时间的推移，覆盖在上面的沉积物也会不断增厚，遗体越埋越深，最终变成了化石，周围的沉积物也变成了坚硬的岩石。这个过程是极其缓慢的。

在化石回归地表的过程中，还存在很多危险因素，在众多地表活动的影响下，周围的岩石可能会弯曲变形，这样化石就会遭到碾压甚至变形，另外，地壳内部的高温也有可能导致化石熔化。逃过这些劫难后，还得有人赶在化石从周围岩层中分离前找到它，否则化石就会碎裂消失。

　　古生物学家们还发现，在恐龙化石的足迹中，竟然有一些被咬过的叶子，甚至还有恐龙的排泄物，因为它们是恐龙曾经在此生活过的最佳证明，但是它们与恐龙化石的形成方式却大为不同，例如，足迹在动物踏过软泥时形成，经过几万年之后便硬化成岩石，于是，动物的足迹便被保存了下来。

　　还有一种令人匪夷所思的情况，极少数的恐龙化石在被发现时，恐龙的肉体竟然也是完好无损的，这样的情况极为罕见，需要满足很多条件，只有在恐龙的尸体在高温、干燥的情况下被烘干才会发生，这种现象被称为"木乃伊化"。

　　许多化石都保存在沉积岩中，沉积岩指的是一种沉积在海、河以及陆地上的沉积物再经过固结形成的岩石，这类岩石有很多种，按照其形成原因和物质成分，我们可将其分为砂岩、砾岩、泥岩等。因为组成沉积岩的砂土微粒十分细腻，所以能将化石很好地保存下来。除此之外，冷却的熔岩表面的化石足迹也有可能被保存下来。而永远冻结在地面，例如西伯利亚的永冻土，也可以很好地保存化石。

　　化石形成后，无论是水、风或人类的活动都有可能导致它们裸露。古生物学家发现，一些被侵蚀过的悬崖和河岸，是寻找化石的绝佳地点。另外，在一些人类活动频繁的地方，如采石场、工地等，通常也能有惊喜发现。

　　古生物学家和科学家们在探寻和挖掘恐龙化石时经常会用地质图，借助地质图可以显露出地表不同类型或不同单元的岩石类型，也可以将航空摄像和卫星摄像配合地质图一起使用，以便确定出裸露岩石的精确位置。

选择地点

　　在发现恐龙化石的埋藏地点后，考古人员就要把化石挖掘出来。起初那些零星的小化石可能只需要一个人花上几分钟的时间，但如果要将大块化石从坚硬的岩石中取出，就需要大批人员耗费数星期或数月，侵蚀中的悬崖和河岸都是寻找化石的好地点，要动用各种机械工具才能完成。在此过程中，测量并记录作业细节也同样重要。

探寻恐龙的最佳地点是在中生代沉积岩层露出地表或接近地表的地方。然而占地最广、恐龙化石蕴藏量最多又露出地表的地区多半位于崎岖的不毛之地或遥远的沙漠之中。

古生物学家们在发现恐龙化石后，接下来要做的就是进行挖掘、运输和清洗了，这个过程是艰难而又费时的，单单一些准备和检测工作就需要耗费几月甚至是几年的时间。

挖掘方法

在恐龙化石的挖掘中，工作人员会根据挖掘地点的不同采取不同的挖掘方式。如在某些沙漠地区，工作人员只要把表面的沙子清除，就能整理出骨骼来。但要挖掘埋藏在硬岩石里的大骨架，就必须使用炸药、开路机或强有力的钻孔机。

测绘现场

人们在恐龙挖掘现场移除任何东西之前都会先用网络分区，在不同的分区内找到的化石都要标示清楚，摄影并精确绘测现场图，这样到最后就会得到一张精密完整的现场绘图。这个处理过程几乎和化石本身一样重要。记录挖掘现场的精确位置和彼此的相对位置，有助于揭示标本恐龙当时的致死原因以及为何会保存下来。

化石搬运

化石在移动前必须先进行固定处理，以免搬运的过程中被损坏，有时只需要用胶水或树脂涂刷暴露部分，有时则必须以粗麻布浸泡热石膏液做成的绷带来包裹。如果化石块比较小，可以用一些纸打包，或者将其收入样品收纳袋中；如果是大块化石，则用石膏包裹，或在最脆弱的部位用聚胺甲酸酯泡沫来保护。

重建复原

寻找、挖掘作业只是我们认识恐龙的第一步，接下来就是将化石骨骼一块块地拼凑起来，重新构建一副骨架。而复原工作则是在骨架上添加筋肉，使之重现生前的模样。所以对于古生物学家来说，它们在实验室复原和研究的时间比野外探寻和搬运所花的时间更长。

清理化石

在实验室里取出恐龙化石时需要特别小心。去除岩石、露出化石的精巧细部构造需要谨慎处理，这一过程相当费时。可视需要移除的岩石多少来决定使用的工具。在去除化石周围的岩石后，需要在化石上涂胶水和树脂来加以保护。

不得不说，恐龙化石的发现是研究恐龙的关键一步。化石大多保存在沉积岩中，并且化石的出露也是有一定规律的。所以在寻找化石时，需要先对各种沉积岩以及它们的地质年代有所了解。新技术的采用在发现恐龙化石方面也可以助一臂之力。

如今，古生物学家已经能够通过先进仪器不用破坏化石就可以看到其内部，也可以看到过去不可能检视的内部细微构造。这可以让人们了解恐龙的生活方式、食物、成长和行动方式等，并且得知恐龙的进化谱系。

恐龙雄踞地球的时间长达1.6亿年，在浩如烟海的时光中，地球也发生了翻天覆地的变化，原本连在一起的盘古大陆逐渐发生了漂移，分裂成为现在我们熟知的众多板块。这些地球板块漂移到全球各处后，由于光照不再均匀，热量的传导也被海洋阻断，与此同时改变的还有地球的整体气候环境，在恐龙时代早期，蕨类植物构成的矮灌丛是地球上主要的植被。板块漂移，再加上气候变化，使地球上的植物种类产生了巨大的变化。不过，由于这些变迁是在非常漫长的时间内逐渐发生的，因此动物们已经能很好地适应了，但是在恐龙时代中期，随着地壳运动的加剧、地质活动的频繁，造成了陆地气候急剧变化。到了恐龙时代晚期，由于气候变得干燥寒冷，地球上出现了沙漠。地球板块的漂移造成高山隆起，深谷下沉，板块携带大陆向不同的方向运动，使环境发生了一系列翻天覆地的变化。

恐龙猎人

接下来，我们要谈的是那些投身到搜集和寻找恐龙化石事业的工作者，他们被称为恐龙猎人，大多数的恐龙猎人是古生物学家，但也不乏热情满怀的业余爱好者。接下来，我们介绍几位著名的恐龙猎人。

最早的恐龙猎人之一是英国地理学家威廉·巴克兰。1815年，巴克兰鉴定了来自某种已经灭绝的爬行动物的化石。1824年，他把这种爬行动物命名为巨齿龙。这样，巴克兰成为第一位描述并命名恐龙的人，尽管他并没有使用"恐龙"一词。

另一位早期的恐龙猎人是英国医生吉迪恩·曼特尔。1822年，他和妻子在一次出诊时，在苏塞克斯郡发现了数颗牙齿化石。1825年，在发现牙齿化石3年后，曼特尔将这种有着与鬣蜥相似牙齿的动物命名为禽龙，意思是"鬣蜥的牙齿"。吉迪恩·曼特尔也是第一位认识到绝种的巨型爬行动物曾经存在的人。

到了1840年，已经有9种这样的爬行动物被命名。1842年，英国科学家理查德·欧文对这些动物化石做了集中的研究。他认为，这些爬行动物属于一个之前没有被认识过的种群，他称为"恐龙"。

🦕 恐龙的起源

在了解这一问题之前，我们先要了解什么是生物进化。进化（Evolution），是指生物在变异、遗传与自然选择作用下的演变发展，是旧物种淘汰和新物种产生的过程。地球上原本没有生命，在30多亿年前，在一定的条件下形成了原始生命，其后，生物不断地进化，直至今天世界上存在着170多万个物种。

科学家们也试图用生物进化论来解释恐龙的起源与灭绝问题。

地球上的生命大致经历了这样的进化历程：原始的无细胞结构状态→有细胞结构的原核生物→真核单细胞生物→真菌、植物和动物。动物界从原始鞭毛虫到多细胞动物，再到脊索动物，进而演化出高等脊索动物——脊椎动物。脊椎动物中的鱼类又演化到两栖类再到爬行类。

到了2.5亿年前，随着陆地上爬行动物的不断进化，出现了后来进化成哺乳动物的似哺乳爬行动物——缘头龙和祖龙类。最早的祖龙是肉食者，在祖龙中，有一些外貌似鳄鱼的能匍匐前进动物，有一些则是能发展成匍匐状的站姿和特殊的可旋转的踝关节动物。

另外，一些体型更小、轻盈的祖龙类动物是最早发展出可以用下肢进行短距离奔跑的动物，其中一些已经有成熟的站姿，借助于身体下方直立的腿，它们可以站立起来。从解剖学上来看，来自阿根廷的体长30厘米的祖龙类兔鳄处于这些完全直立的祖龙类及两类由它们发展出来的动物——翼龙（会飞的爬行动物）和恐龙之间。

最早的恐龙是两足行走食肉类动物，它们体型较小，但是大型四足行走的食植类恐龙也在三叠纪末进化出来了。在侏罗纪和白垩纪期间恐龙分化出一大批大型和小型的食肉类、笨重的食植类、小型的快速移动的食植类，以及其他带有大型骨板、角、甲板和锤的防御器官的类群。

所有的恐龙都是起源于初龙类的槽齿目，对于恐龙四肢直立行走的解释是，最早的初龙类是中小型食肉动物，它们生活在高原上，由于捕捉猎物需要敏捷的奔跑，所以，初龙类发展出不同的姿势，而其中成为恐龙的一支就慢慢直立四肢。

在那个时期，动物在捕猎过程中，速度很重要，恐龙通过前肢将身子抬起从而使尾巴作为平衡器有效地达成站立姿势。整个身体以腰带部分为枢纽，发展成为爬行动物形态特殊的恐龙类，这一蜕变大约在三叠纪早期完成。

距今2.5亿年～6500万年前的中生代：显生宙第二个地质时代，介于古生代和新生代之间，地质学上将其分为3个纪——三叠纪、侏罗纪、白垩纪。中生代是地球上爬虫类动物统治地球最鼎盛的时代。

其中代表动物恐龙，出现于三叠纪晚期，鼎盛于侏罗纪、白垩纪中期，灭绝于6500万年前白垩纪晚期，由于当时地球上最繁盛的最具代表性的物种就是恐龙，故中生代也被称为恐龙时代。

恐龙的身体构造

恐龙在死后会留下大量牙齿和骨头的化石，但是却很少有肌肉、器官等部位，科学家们只能通过现存恐龙化石的轮廓大致勾勒出恐龙的身体构造，接下来我们以蜥脚类恐龙为例，看看它们到底长什么样。

蜥脚类恐龙

如果时间能往回倒流到1.5亿年前，那时候统治地球的就是巨大恐龙群，其中的主角则是有100多个种类的蜥脚类恐龙（蜥臀目）。蜥脚类恐龙中身长最长的可达到30米，它们的颈和尾也很长，并且有着粗壮的四肢，足以支撑它们如大酒桶般的身躯。

在研究人员看来，蜥脚类恐龙这一独特的身体构造，即脖子长，脑袋小，如酒桶状的体型，粗壮结实的腿部，是其拥有庞大身躯的一个重要因素。

可是，它是如何支撑与移动这样庞大的身躯呢？20世纪80年代，芬兰赫尔辛基大学的杰伊·霍坎南为了解开这一谜团，剖析了大型动物的骨骼与肌肉力量，他发现，就算是体型最大的蜥脚类恐龙，其躯体也没有达到理论上的上限。以腕龙为例，它们的体型是其他恐龙的好几倍，但是它们仍旧行走于陆地上，因此，大型的蜥脚类恐龙尽管体形笨重不太灵活，可是，却无法抑制其向更大身躯发展。

还有一个问题就是，蜥脚类恐龙是如何获得足够的氧气的呢？这是因为蜥脚类恐龙的肺部和鸟类很类似，鸟类的呼吸效率比哺乳动物要高得多，蜥脚类恐龙在吸气的时候，空气就会充满肺部和体内的肺泡，它每一次呼吸所

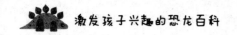

获得的氧气量是其他哺乳动物的2.5倍。

蜥脚类恐龙足足有80吨重，它们吃什么想必小朋友一定很好奇。在如今的地球上，食草动物是最大的陆地动物，它们主要以一些营养较低的植物为食，而这也就是这些植食性动物不停吃的原因。就如大象，它在一天当中，吃东西的时间占到了18小时，每天要消耗200千克的植物，按照这样的标准，那么，蜥脚类恐龙如果要吃饱，一天至少要消耗1吨的植物。这一点，蜥脚类恐龙是如何做到的呢？

对于这个问题，蜥脚类恐龙的脖子与小脑袋起到了关键作用，它们的脖子很长，犹如长颈鹿一样，与此同时，它们的脊椎也很轻，这使它们的脖子能伸得更长，这样，它们就能轻松攫取想要的食物了，也节省了很大的体力。最重要的是，蜥脚类恐龙的进食方式也很特别：它们有和梳子一样密的牙齿，能用来将树上的树叶捋下来并吞入口中。这样，当其他恐龙赶到的时候，就没有鲜嫩可口的树叶可以食用了。蜥脚类恐龙没有臼齿，因此无法咀嚼食物，不过它们会同时将一些石头吞入胃中，这些石头可以起到研磨食物的作用，以便于消化。

与蜥蜴相同的是，它有五个脚趾头，脚趾与现在常见的动物——大象非常像：平放在地上，趾端长有圆形的蹄状趾爪，行走时能在土地上留下圆形或者卵形的脚印，后脚掌上还有富有弹性的肉垫，这样能减轻在行走时发出的声音，能避免被敌人察觉。

蜥脚类恐龙独特的身体构造，使它可以克服庞大身躯所带来的各种限制，成为恐龙时代的"精英"。

介绍完典型的蜥脚类恐龙身体构造，接下来从恐龙的各个身体部位出发，带领小朋友感受恐龙的奇妙！

恐龙的四肢

恐龙有着不同的类别，各类恐龙均有明显相互区别的特征，它们有的食素，有的食肉；有的体型庞大，有的轻盈娇小；有的凶猛无比，有的胆小如鼠……而在构造上，有的恐龙是四条腿走路，有的则是用两条腿，如梁龙就是四条腿走路，而棱齿龙则是两条腿奔跑，甚至也有其他种类恐龙是用两种方式结合起来行动的，这就给了这些恐龙一些得天独厚的优势，它们可以用下肢站立，而用上肢攫取食物或与敌人战斗，它们悠闲时可以用四条腿缓慢走动，但一旦遇到危险，它们又能马上用两条腿迅速起身，并火速离开。

以禽龙为例：

禽龙属于蜥形纲鸟臀目鸟脚下目的禽龙类。禽龙是种大型草食性动物，身高4～5米，长约10米，前手拇指有一尖爪，每个脚掌有三个脚趾，骨干与尾巴由骨化肌腱支撑、坚挺（这些棒状骨头经常在模型或绘画中省略）。

禽龙的化石主要分布于英国、德国、比利时，主要生存于白垩纪早期的巴列姆阶到早阿普第阶，为1.3亿～1.2亿年前。演化位置大约位于行动敏捷的棱齿龙类首次出现，演化至鸟脚下目中最繁盛的鸭嘴龙类这段过程的中间位置。禽龙与较晚期的近亲鸭嘴龙类，有着很相似的身体结构。有人提出它具有部分水生的习性，一旦受到生命威胁时，它们便会躲进水中避难。此外，过去有许多化石被归类于禽龙，年代横跨侏罗纪启莫里阶到白垩纪森诺曼阶，范围广达亚洲、欧洲、北美洲以及北非。但这些化石多被归类于其他属，或是建立为新属。

禽龙的大量标本，包括从两个著名尸骨层发现的接近完整的骨骸，都让科研人员提出了关于禽龙的很多假设，诸如它们的进食方式、生活和社会习性。

禽龙的手臂长（如贝尼萨尔禽龙的前肢长度约占后肢长度的75%）且粗壮，而手部不易弯曲，中间三个手指能承受很大的重量。

禽龙身上最具特色的就是它的拇指尖爪了，古生物学家于1840年第一次在德国美斯顿发现的尖爪是禽龙的最著名特征之一。虽然一开始古生物学家认为应该将尖爪放置在禽龙的鼻部上，但在研究了在贝尼沙特发现的完整标本后，就知道尖爪应该放到它的手部，这才是最正确的位置。但后来仍有许多恐龙的大型拇指尖爪被错置在足部，类似驰龙科，如西北阿根廷龙、拜伦龙以及大盗龙。

禽龙的拇指尖爪被认为是种对付掠食者的近身武器，类似短剑，但也可能用来挖开水果与种子。

禽龙的后腿虽强壮但并不能用来奔跑。随着禽龙的年龄增长，它们的体重逐渐增长，它们将更常采取四足步态；幼年禽龙的手臂较成年体的短，约是后肢长度的60%，成年个体的前肢长度则为后肢的70%。根据禽龙类的足迹化石，以及禽龙的手部、手臂结构，可推论禽龙采取四足步态时，中间三根蹄状手指能支撑重量，禽龙的后脚掌相当长，上有三根脚趾，它们会采取趾行动物的方式，使用手指与趾爪来行走。禽龙以二足奔跑的最高速度估计为每小时24千米，但四足步态时是无法快速奔跑的。

恐龙的骨骼与肌肉

恐龙骨架的组成部分相同，但骨骼本身却有很多区别，科学家可以根据骨架的特征构造，推算出恐龙肌肉的具体位置、恐龙的运动属性以及它的整体形态。

对于体型庞大的植食性恐龙来说，首要要求就是力量，一般来说，它们有着庞大而结实的腿骨，足以负担巨大的身体。同时，它们在漫长的岁月中进化出了一种巧妙的身体构造，它们的骨骼重量减轻了，而不会造成力量的衰减。一些体型更小的、行动迅速的恐龙则进化出了一种在现代动物身上也可以看到的骨架结构由韧带、肌肉和肌腱连在一起，这一点和我们人类的身体相同。在一些化石中，骨骼间还有"肌肉痕"（肌肉连接处留下的粗糙痕迹），据此我们可以计算出一些起控制作用的主要肌肉的大小和位置。

奇怪的是，大型植食性恐龙，如梁龙的腿应该由巨大的肌肉群带动，然而科学家在化石中似乎并没有发现这样的肌肉群的存在。暴龙发达的下颚由一组肌肉和肌腱控制，而这些肌肉和肌腱以何种方式相互作用？剑龙又以多大的幅度将自己的尾巴甩向各个方向进行摆动？对于这些问题，人们一直未找到答案，即便现代生存的动物偶尔也能给人们一些线索，但这并不是有力证据。

很明显，任何一只恐龙，它所拥有的肌肉数量与相对比例与它运动和生活的方式之间是有着某种密不可分的关系的，对同一种恐龙，不同时期的研究者所做的图解之间有着令人诧异的差别，之所以会出现这样的差别是因为随着对恐龙认识的深入，人们对恐龙的生活方式的看法发生了改变。

举个简单的例子，以前人们观看暴龙的图片，会发现画册上的恐龙是肌肉不发达的样子，因为在当时人们的观念和认知中，恐龙都是行动迟缓的，而后来，随着人们对恐龙的深入了解，人们开始认为暴龙是很灵活的猎手，于是，图片上的暴龙也就变成了体型巨大、肌肉发达的动物。

恐龙的消化系统

为了获得足以维持自身生存的营养和能量，恐龙必须吃掉大量的食物。以蜥脚类恐龙为例，它们每天需要吃掉185千克的植物，这比它们的体重还要多30%。一只重达30吨的腕龙则每天要咀嚼大约1吨植物，而这个进食过程，只是通过一个不足75厘米长的头来完成，事实上，它们的牙齿是基本上不咀嚼的。

那么，恐龙是怎么进行食物消化的呢？

这一问题，我们要追溯到很多年前美国的中亚科学考察队的一次发现，考察队的科学家曾在中蒙交界地带发掘出大量恐龙化石，而在发掘出的一具鹦鹉嘴龙骨架的胃部，科学家意外地发现了112颗小石子，这些小石子被高度磨光了。

不出意外，这些小石头应该是这条恐龙在生前吞进肚中的，并且，因为这些石头长时间在胃中随着胃的蠕动与食物一起反复搅拌，渐渐地石头被磨光了。

当然，恐龙吃石头并不是娱乐，也并不是因为石头好吃，而是因为恐龙没有咀嚼食物的牙齿，即使有，也不发达，食物未嚼烂就吞进肚里去了，石头能帮助消化胃中的食物，我们可以说石头是恐龙的"健胃消食片"。

古生物学家称这些石头为"胃石"，它们经常在埋藏恐龙骨骼化石的地层中发现。例如，在美国蒙大拿州富含恐龙化石的白垩纪时期的地层中，就发现了上千块胃石。目前除发现鹦鹉嘴龙的胃石外，还有腕龙和剑龙的，在泰国还发现有霸王龙的胃石！

胃石虽是外来之物，但实际上是帮助恐龙消化的一种辅助之物，是不可缺少的东西。

其实，现在地球上的动物，也有经常吃石头的，比如我们常见的就有鸡，它们会常常吞食一些砂石，而鳄鱼吃石头更如家常便饭，它们吃石头都是为了帮助消化。胃石由于被磨得圆溜溜的，看起来跟河中的卵石或沙漠中由风蚀作用形成的圆石块相似。如果胃石没有与恐龙骨骼一同被发现的话，人们会把它们当成一钱不值的废石头丢掉。想来一定有很多胃石被丢弃在野外，实在可惜。

不久前，美国科学家发明了用激光技术鉴别胃石的方法，这种方法能轻松将恐龙的胃石和卵石区别开。这样，胃石就不会因为不被识别而被扔掉了，胃石不易磨碎或风化，要保存下来比骨骼容易得多，在地层中，只要发现了胃石，就算没有其他化石，古生物学家也能知道恐龙曾在这儿生活过。

以上是植食性恐龙的消化方法，而肉食恐龙吃起东西来，就跟它的鳄鱼表兄弟差不多，它们也不会多加咀嚼，会把整块肉囫囵吞下。鳄鱼一口能吞下整只羊，当然，猎捕到大的动物时，鳄鱼会先用牙把猎物的肉撕咬成小块，然后一块块地囫囵吞下。从这些恐龙的亲戚身上，人们可以大体上领略到凶猛的肉食恐龙的吃相。

肉食龙的吃相不会比鳄鱼好到哪里去。动物的吃相与动物的牙齿有关，肉食恐龙的牙齿只有撕咬的功能，无咀嚼的功能，所以吃东西只好囫囵吞枣。而哺乳动物都长有可以咀嚼的臼齿，就算是狼吞虎咽，在吞进胃之前也会先嚼上一嚼。

植食性恐龙中，蜥脚类恐龙在进食时也是囫囵吞枣，因为它虽然有前牙，但没有用于咀嚼的臼齿，剑龙、角龙、甲龙等没有前牙，只能粗粗地把食物嚼碎。

肉食龙、蜥脚类和剑龙等恐龙的进食方式对消化是不利的，但恐龙在长期的进化中胃长得很特别，胃壁如砂囊，胃中有胃液，还有许多小石子。食物进入胃中，通过胃的蠕动，胃壁、胃石和食物在一起反复搅拌，这样食物就能被磨烂，成为容易消化的状态，食物的营养就会被身体吸收了。

恐龙的血液

毋庸置疑，任何一种动物，都是有血液的，那么，恐龙是冷血动物还是温血动物？对于这一问题，目前生物学家持有两种截然不同的观点，都是根据当前地球上动物的现状分析而来的。

一些人之所以认为恐龙是冷血动物，是因为它们认为恐龙和很多爬行动物一样，属于低等动物的范畴，低等爬行动物有很多，其中最为典型的有鳄鱼、青蛙、蛇等。这些动物的体温随着外界温度的变化而升降，可以节省体能的消耗，不需要有强有力的心脏维持血液循环，皮肤上也不需要有汗腺，不用遇到高温时排汗保持身体各部位恒定的温度。大部分冷血动物都有"冬眠"的特性，"冬眠"指的是动物找一个温度适宜的居所（一般是洞穴）居住下来，这样能防止体温下降，避免因身体体温太低而死亡。

按照这样的论断，一些人提出质疑，难道恐龙也会冬眠吗？恐龙躯体如此庞大，又能躲到哪里冬眠呢？冬眠期间的安全问题怎么解决？如果不"冬眠"，寒冷的冬季是冷血动物难熬的季节，恐龙是如何度过漫长的冬季呢？

另外，即使是冷血动物，体温过高或过低时，都缺乏活力，如鳄鱼在35℃左右时才能活动自如。它们通过什么方式获得最佳温度呢？主要是晒太阳，从阳光中获取能量，使体温逐渐升至35℃左右。如果恐龙也依靠晒太阳，则很难自圆其说，经推测最重的恐龙达80吨，如此庞然大物，依靠晒太阳升温，必须不断转动巨大身躯，晒完一面再晒另一面，简直无法想象！何况恐龙为了生存需要不断吃食物，食量非常大，总不能整天懒洋洋地晒太阳啊！

因此，另一些学者提出恐龙是温血动物，体温恒定，就像现在的大象。根据进化论学说，有一种恐龙是鸟类的祖先。要知道恐龙也下蛋，和鸟一样，最近挖掘恐龙化石发现有软组织羽毛的痕迹，而鸟类都是温血动物，体温恒定，羽毛是为了御寒。这种学说似乎也有道理。

可是"温血动物说"遇到了更大的麻烦，仍是恐龙巨大身躯引起的难题。是啊，最大的恐龙身高9米以上，身长20米以上，重量达80吨，它需要一颗怎样强大的心脏，才能推动如此巨大的血液循环呢？即使是最简单的恐龙血液循环系统，一经模拟出，立即被人们断然否决，因为在动物界，不可能有如此强大的心脏。

接下来，"温血动物说"又遇到了一个新的难题，那就是血压问题。科学家认为，最能为这一问题提供佐证的就是长颈鹿了。长颈鹿可以将自己的脑袋举到离地4.5米高度，又能低头喝水，能完成这一系列"动作"，必须依赖于一套特殊的供血系统。相信生活中，大多数人都曾有这样的体验，久蹲在地猛地站起来，会出现眼前发黑、头晕的现象，其实这就是心脏对于头部的供血不足引起的，而长颈鹿能将血液压到离地4.5米高处的头部，其血压是人类的2~3倍，因为它们有着既大又厚的心脏，在泵血时也很有力，可直接将血液送到高处。有趣的是，当它低头至地面时，颈动脉的"阀门"会自动调节血量，保持低头时头部血压的稳定，因而长颈鹿既不会出现"脑缺血"，"脑溢血"的情况更是不可能发生在它们身上。

现在，我们继续谈论恐龙的问题，恐龙身高达9米，比起长颈鹿还要高一倍，需要多高的血压？又需要怎样的动脉"阀门"？这一系列的问题都让科学家们伤透了脑筋。

至今"温血动物说"的科学家也无法解释：恐龙到底是如何保持"恒温"的？恐龙是"冷血动物"，还是"温血动物"，至今仍无定论。谁也无法自圆其说，但是这个课题十分重要，对于研究恐龙的生活和灭绝有着至关重要的意义，人们正在等待，希望能揭开这一自然之谜！

恐龙的颜色

人们曾一度认为所有恐龙的颜色都是灰暗单调的，而现在的专家却认为，恐龙的颜色丰富多彩。恐龙化石大量地展示了其内部结构，但很少提供有关皮肤方面的情况，这是因为皮肤像身体其他软组织一样，在化石形成之前就分解了。偶尔有皮肤的肌理痕迹遗留下来，从中可看到恐龙的体表覆盖着一层鹅卵石状的小结节，像蜥蜴的鳞一样；但到现在，还没有发现有关皮肤颜色的证据。因此，古生物学家只有依靠对现存动物的研究，来想象恐龙的肤色是什么样子。

恐龙皮肤的颜色或花纹取决于它们的生活方式，像腕龙和巨龙这样的大型植食恐龙，在它们青壮年时期是很少有敌人的，因此它们没必要隐藏自己，在肤色上也就没必要与大自然融合，也就自然是如现在的大象和犀牛一样简单和灰暗了，人们曾经认为这就是整个恐龙世界的颜色。但是，鸭嘴龙这样的小型植食恐龙的颜色则打破了这样的成见，这种恐龙有很多敌人，在遇到敌人时，除了逃跑大概就是将自己隐藏起来了。

经过多年的进化，它们便拥有了一套保护自己的伪装。为了弄清楚它们的肤色究竟是什么样，生物学家转而求助于对现有爬行动物的观察。现在，植食性爬行动物已不多见了，它们中的多数是褐色或绿色，比如说像蜥蜴那样。

今天的某些爬行动物也善于运用颜色的改变来伪装自己，尤以变色龙为最甚。很可能有些恐龙也能做到这一点。从发现的一些化石中可以看出，这些恐龙的皮肤结构与今天变色爬行动物的似乎相同。变色龙变色并不只是为了隐藏自己，有时还是为了表现自己的情绪，情绪不同，伪装的颜色就不同，作为一种交流方式，它们很容易达到沟通的目的。

肤色的变化是由靠近表皮的色素细胞引起的，改变色素细胞的分布，颜色就会随之而改变。恐龙还有另一种方法来改变体色，那就是改变血流量。许多专家认为这种情况发生在剑龙身上。剑龙背部长有几排骨板，有迹象表明血液通过骨板和皮肤表层，使这些骨板中流动的血液供应非常充足。剑龙可能用这些骨板来调高或调低体温。当增加血液供应时，身体就会"羞得通红"。这些红晕可能会有双重作用，一是用作恐龙之间的交流方式，二是雄剑龙准备与另一只雄剑龙打仗之前的身体反应。

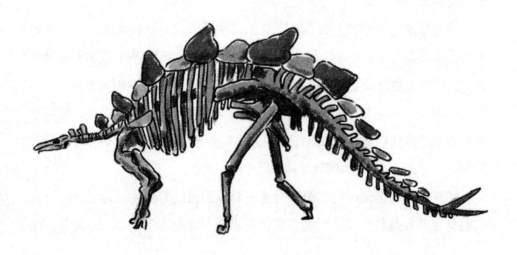

恐龙的社会活动

恐龙的觅食

恐龙，它们存活于侏罗纪、白垩纪、三叠纪三个地质年代内，大致可分为草食性恐龙、肉食性恐龙和杂食性恐龙三大类：

草食性恐龙：

草食性恐龙主要生存于靠近水源的森林中，这样能就近寻找食物和水源，便于取水、取食。草食性恐龙中较具代表性的有腕龙、梁龙、雷龙等。它们的共同特点是都拥有很长的脖颈，这样也方便它们够到大树上的嫩叶，旁边的水源也能让它们及时解渴，另外，三角龙、剑龙、原角龙、优头甲龙等恐龙则多生活在辽阔的草原上，如果被肉食性恐龙袭击和侵犯它们的"领土"时，它们则会集结起来共同对抗，以保障群体的安全。

杂食性恐龙：

杂食性恐龙的代表有似鸟龙、始祖鸟、偷蛋龙等，它们并不是群居性恐龙，而是呈零散分布的状态，只不过到了迁徙时，它们可能会成群活动。偷蛋龙主要依靠窃取草食性恐龙的蛋为生，平时隐匿于极深的山谷中和阴森的密林内。而始祖鸟、似鸟龙等杂食性恐龙的生活也类似如此。它们生活在深谷、密林内主要是因为能逃避伤害，再者深山老林中有茂盛的树木和杂草，这都是它们食物的来源。

肉食性恐龙：

肉食性恐龙的典型代表应该是霸王龙、异特龙、重爪龙。大多数肉食性恐龙居无定所，它们有时住在山林中的洞穴里，有时住在浓密的丛林中，它们以突袭的方式猎捕食物。它们通常利用粗大有力的尾巴横扫猎物，让猎物毫无招架之力，然后再冲上去撕咬。肉食恐龙中的恐爪龙体型较小，是群居型的肉食恐龙，无论猎捕食物还是迁徙都是群体而行绝不单独行动。它们速度极快，猎食时聚集成群，以扑杀的方式进攻，这样，被盯上的猎物几乎就没有任何逃离的机会，其残暴的猎食方式令人毛骨悚然。

生活在水中的肉食性恐龙则大多以菊石、海螺和鱼类为食，较具代表性的有蛇颈龙、鱼龙、苍龙等。以天空为其生活领域的肉食性恐龙则有翼龙、无齿翼龙。其取食方式是以俯冲之姿捕食水中鱼类为主，一般居于沿海高山洞穴中。

其实，恐龙在刚刚演化出来的时候，全部是肉食动物，它们以捕食外族爬行动物为生，对于其他动物来说，它们就像是"少数民族"，后来才成了陆地上占绝对优势的动物。

由于先前吃植物的外族爬行类动物大量灭绝，地球上的植物就有了很大的剩余，使一部分肉食性恐龙开始食素，于是恐龙才有了肉食与植食甚至是杂食的分别。

肉食性恐龙的食物对象主要是植食性恐龙，前者的数量占少数，而后者则占大多数。并且，不同的肉食性恐龙，它们所食用的对象也不同，跃龙主要吃蜥脚类恐龙。霸王龙主要吃鸭嘴龙。小型食肉龙吃小型的爬行类、哺乳类及昆虫等，也有一些则专门吃其他恐龙的恐龙蛋，因为恐龙蛋富有营养。

吃植物的恐龙数量最多，它们分享食物也各有原则。据研究，它们主要按自己的身高取食：大个子的蜥脚类恐龙觅食高度在10米或10米以上；鸭嘴龙以消耗3～4米高的植物为生；弯龙的取食高度在2米及以下；角龙与弯龙的取食高度差不多，它还能推倒小树，吃树冠上的嫩枝叶；甲龙是小矮子，只能消受1米以下的植物或啃地上的草。

到了"享用美餐"的时候，大家各就各位，只吃面前的这一份食物，不争不抢。但植食恐龙必须时时小心，否则就很有可能成为肉食性恐龙的盘中餐。

然而植食恐龙之间在分享食物时，有时也可能会"互生嫌隙"。美国学者发现，年幼的蜥脚类恐龙吃食的高度与鸭嘴龙和剑龙相似，这样就会闹矛盾。为了解决矛盾，其中一方会作出让步，另找个地方吃食。有趣的是，鸭嘴龙、剑龙总是让步的一方。年幼的蜥类因为自身身躯庞大，加上它们父母的袒护，它们在食物的分配上似乎总是能占到一些便宜。

恐龙的交流方式

与其他任何动物一样，恐龙是没有语言的，但是它们有自己的交流方式，它们会用声音、气味、触摸和彼此间的信号向同伴传达自己的意思。

今天的爬行动物都是沉寂无声的，而远古时代的恐龙之间却能以咕噜声和吼叫声来交流，数千米以外都能听到。

生物学家之所以下这样的论断，是因为它们在研究恐龙的颅骨化石时发现，恐龙的耳朵结构很复杂，善于辨别声音，所以它们才能用不同的声音来传递信号，与今天的爬行动物相似，恐龙会发出嘶嘶声或哼哼声，而大型恐龙则发出咆哮声。

在遇到危险时，恐龙会发出声音来警告敌人，也会用声音来与同伴们进行信息的交流，如副栉龙在遇到危险时，会发出嘶叫声，以此来警示敌人；而鸭嘴龙科的埃德蒙顿龙则会通过鼻子顶部的一个气囊制造出巨大的咆哮声，以此来向竞争对手宣战；如果是小恐龙，在发现危险时，可能会发出尖叫声。

科学家们认为，在交配季节，雄性恐龙会发出声音来向雌性恐龙炫耀自己，就好像孔雀炫耀自己的羽毛一样，雄性恐龙也会向雌性恐龙炫耀自己的头冠、脊骨和脖子上的褶皱，同时也能起到警告敌人的作用。

从恐龙的脑化石中，科学家发现恐龙的鼻孔已经得到了充分进化，所以恐龙的嗅觉应该很灵敏。灵敏的嗅觉可以帮助恐龙寻找食物，也可以让恐龙根据同伴身上散发出的气味寻找它们。腕龙的头顶长有很长的鼻孔，科学家推测原因可能是让它们在吃水生植物的同时可以进行呼吸。

恐龙鼻子的大小能够说明它们味觉的灵敏程度。一些脖子较长的恐龙，如腕龙有巨大鼻孔，所以它的味觉功能就会比较灵敏。暴龙鼻孔比较小，所以它狩猎时不是靠味觉，主要靠的是视觉。一些植食性恐龙能借助味觉与嗅觉来判断眼前的食物能不能放心食用，另外，不少恐龙也会依靠嗅觉与味觉来决定是否交配。

科学家们在了解了恐龙的味觉与嗅觉是受大脑操控后又继续对恐龙的脑化石进行了深入研究。不过，恐龙脑化石只有在十分特殊的情况下才能形成和保存下来。在出土的禽龙的脑化石中，人们发现禽龙脑子的前部有发育良好的嗅叶。它是脑子的一部分，掌管恐龙嗅觉和味觉的部分，所以这种恐龙可能有敏锐的味觉，能享受美味的食物。

恐龙的抵御与攻击

恐龙的种类繁多，对于植食性恐龙来说，在遇到危险时，逃跑很明显是比抵抗袭击更为明智的选择。肉食恐龙是天生的猎杀者，它们用自己的尖牙利爪攻击猎物，在到处都是肉食性恐龙的世界里，它们要从自身安全出发，就必须进化出最好的防御系统：有的群居在一起，有的有着超强的速度，有的身上长满了硬甲或头上长有尖角。

我们先说说蜥脚类恐龙的抵御攻击。蜥脚类恐龙与我们现在常见的大象一样，它们的躯体庞大，这是它们用来震慑敌人的一种武器，它们的尾巴如同鞭子一样，一旦有敌人进犯，它们便开始挥舞尾巴，以此吓走敌人。

甲龙类恐龙身上有着类似盔甲的皮肤，盔甲上还有骨钉，一旦被攻击，它们就会蜷缩起身子，以此保护自己比较脆弱的腹部，并不断挥动自己的尾巴，因为它们的尾巴上有很多的刺球。

接下来，我们再看看剑龙。剑龙的背部有一排巨大的骨板，以及带有4根骨钉的尾巴，用来防御掠食者的攻击，剑龙的尾巴具有很大的杀伤力，甚至可以直接置敌人于死地。

一般来说，植食恐龙是没有爪子的，但禽龙除外，它的上肢有很多锋利的爪子，禽龙能利用它来抵御掠食者，也能对付雄性的对手。

另外，在恐龙中，有一些是角龙类，它们的头上长了尖角，就好像犀牛一样，但掠食者出现或者雄性同伴出现的时候，它们便利用头上的角来对付它们。

雄性肿头龙的头顶皮肤很厚，为了获得雌性肿头龙的青睐，它们会互相撞击来决定胜负，就像今天的野羊一样。

恐龙的奔跑速度

人类的奔跑速度是比较快的。试想一下：如果人和恐龙赛跑，究竟谁能够胜出呢？

其实，恐龙的种类名目繁多，将人与恐龙的奔跑速度相比，就要看具体是哪一类恐龙了，如果是体形庞大的蜥脚类恐龙，相信人肯定能跑赢它！但是如果碰上一只体形较小、身体敏捷的驰龙呢？再或者是恐龙时代晚期的顶级统治者霸王龙呢？虽然不能像测量现生动物奔跑的速度一样来测量恐龙能跑多快，但是科学家还是能够通过恐龙化石间接地推测恐龙的奔跑速度。

其中一种方法就是通过恐龙肢骨不同组成部分的相对长短来推测恐龙的奔跑能力。比如，通过观察现生动物，发现一般小腿越长的动物奔跑速度越快，这种方法也适用于估算恐龙的速度。当然，这种过于简单的方法逐渐被科学家抛弃。现在许多学者通过建立恐龙骨骼肌肉的计算机模型来推测恐龙的奔跑能力。

例如，通过这种方法可推测出霸王龙每小时能跑20千米。但有些古生物学家认为霸王龙的奔跑速度被低估了，根据他们所建立的骨骼和肌肉模型得出霸王龙的时奔跑时速可达29千米。也有人认为霸王龙其实平时并不经常奔跑，这是因为其身体过于沉重，跑起来一旦摔倒，有可能会受到致命的伤害。

另外一个方法是利用恐龙足迹化石来估算恐龙的奔跑速度。其中比较经典的方法是：先测量恐龙的步幅以及四肢的长度，再根据对现生哺乳动物和鸟类的奔跑速度与步幅、腿长的统计分析得出的等式，算出这类恐龙的奔跑速度。根据这个等式计算的结果，大型的蜥脚类恐龙以及剑龙类和甲龙类的成员是恐龙当中跑得最慢的，仅相当于人类走路的速度。跑得最快的是小型兽脚类恐龙（如驰龙）和小型鸟脚类恐龙，由于它们身体细长且敏捷，奔跑时速可以达到40千米，和现在鸵鸟的速度差不多。

关于恐龙的奔跑速度，科学家总结出了几点：

▲快速奔跑的本领，使这类恐龙比别的动物占优势：一是追捕猎物，二是逃避敌人攻击。于是，速度快的草食性恐龙和肉食性恐龙开始了一场速度竞赛，为了逃避跑得越来越快的肉食性恐龙，草食性恐龙也必须能越跑越快才行。

▲很多大型的四足行走蜥脚类恐龙确实行动笨拙，每秒大约只能行走1米，这就好比我们人类在散步一样。一些大型的两足类恐龙的足迹表明，它们的行走速度一般不超过每秒2.2米，这与人类快速行走时的速度差不多。

▲外形有点类似当今非洲草原上的白犀牛的三角龙，它们最快的速度能达到每秒钟9米，这是人类中百米赛跑健将的水平。

▲一些体积较小、体重只有500千克左右（与赛马大小相近）的两足行走的恐龙的足印表明，它们的奔跑速度大概能达到每秒12米，这已经超过了人类百米赛跑冠军的最高速度（每秒11米），但是仍然大大低于赛马的奔跑速度（每秒15～17米）。

▲似鸡龙或者伤齿龙是速度最快的恐龙，这种恐龙的时速是每小时为56～80千米，行动敏捷，相当于赛马奔跑的速度。

恐龙聪明吗

因为现在恐龙早已灭绝，加上科研技术有限，所以恐龙的智商我们暂时无法测定，也只能通过它们头盖骨的大小来判断其脑容量，以此来估算它们的智商。

为了了解恐龙的智力水平，芝加哥的詹姆斯·霍普森博士着手测量恐龙脑腔的大小，并且会将外部的缝隙以及其他一些因素也纳入其中考虑，随后，在获悉了恐龙的脑部尺寸后，他将其与其他动物对比，结果显示恐龙很可能和其他爬行动物类似，既不是很聪明的动物，也并不是很笨的动物。

有的学者用计算恐龙"脑量商"的办法来测量恐龙的智力水平。"脑量"是根据恐龙的体重、脑量及现生爬行动物的脑量大小按一定公式算出来的。被测的恐龙脑量商越小，它就越蠢笨；脑量商越大，它就越聪明。

经测量，马门溪龙等蜥脚类恐龙的"脑量商"最低，只有0.2～0.35。这就能揭示出为什么这类恐龙看起来并不聪明。它们不仅是样子看起来不聪明，它们的行动也不灵活，当敌人来犯时，它们甚至可能被直接吓傻呆呆地站在那里，有的则躲进深水里。根本就想不出对付敌人的办法。

经计算，甲龙和剑龙的"脑量商"为0.52～0.56，这让它们虽然并不是特别聪明，但也不至于和蜥脚类恐龙那样笨，当肉食性恐龙来犯时，它们也能甩动长有骨刺或尾锤的尾巴给敌人一点颜色看看，使敌人不敢轻举妄动。

角龙的"脑量商"为0.7～0.9，在素食龙中可算较有心计的一类，大敌当前，它们敢于针锋相对，发起冲锋，拼死一搏，而且行动神速。

在素食龙中，最有智慧的要属鸭嘴龙。它的"脑量高"为0.85～1.50。鸭嘴龙虽然没有厉害的武器可以击败敌人，但是它们有着超强的嗅觉，只要有敌人出没，就能立即闻到且躲起来，就是依靠这一特殊"技能"，它们与宿敌——霸王龙周旋了一代又一代。

肉食恐龙通常比植食恐龙聪明。大型食肉龙，像霸王龙，"脑量商"达到1～2。

小型肉食龙中的恐爪龙脑量商超过5，比霸王龙大3～4倍，尽管它个子比霸王龙小得多，但却比霸王龙机敏灵巧，杀起植食龙来也格外凶猛、神速。它的后裔窄爪龙的脑量商又高了许多。窄爪龙比恐爪龙个子还小，但在恐龙家族中却是智力超群的一族。

恐龙的群居生活

孩子们可能也做过这样一种游戏——老鹰捉小鸡，游戏的规则是：母鸡领着一群小鸡，左躲右藏，每只小鸡在群体中都有一定的位置，大家动作协调，防止被老鹰抓到。

母鸡领一群小鸡活动是动物有序的防御行为，团结是人类的社会行为，这些都是群体行为。群居是动物的一种个体间的互动，是社群行为，有利于动物的生存，增进整个族群的适应力。恐龙是否有群居行为？这个问题在古生物学界长期存在疑问。

第一次有据可寻地证明恐龙有群居行为的是美国古生物学家伯德。他于1944年在德克萨斯州的佩拉西克地区发现了一组大型的蜥脚类恐龙足印化石。这是一群20余只、大小不一的雷龙行走时留下的足迹。它们是沿着一个共同的方向行进的，在行动中，它们彼此又是平行前进。足迹还显示出一些小的幼年雷龙走在群体中间，这也表明雷龙的行动是有序的群居行为。

1983年，在我国新疆准噶尔盆地的恐龙沟发现了一个侏罗纪中期的恐龙墓地，共出土17具体长在4米左右的小型蜥脚类恐龙，它们的头骨骨头愈合疏松，骨缝明显，据此能推测出这是一群刚出生不久的恐龙幼仔，被命名为巧龙。在同一恐龙墓地发掘到一群清一色的、个体大小一致的幼年个体，这意味它们可能是一群生活在一起的同胞兄弟，在遇难前，它们可能正嗷嗷待哺，由此可见蜥脚类恐龙的幼年成员如同一群小鸡一样过着群居生活。

1978年，在燥热的美国蒙大拿州西部，欧纳和他的挚友马凯拉发现了举世震惊的鸭嘴龙巢穴，里面的化石包含恐龙蛋和待哺育的幼仔，从而提出了鸭嘴龙有慈母行为，它们是群居动物。这一观点引起了恐龙专家菲力普·居理的重视。居理在加拿大阿尔伯塔省的北部格雷德卡什发现了一个恐龙化石坑，为了探索恐龙的群居生活史，居理对化石作了详细的统计。在该恐龙化石坑中，居理注意到绝大部分的化石都是一种大型的角龙——尖角龙。尖角龙是长有单角的角龙，身长6~7米，有一个巨大的头骨。

居理对挖掘出的化石进行分析后认为，是灾难横扫了整个恐龙族群，使这些年龄不同的角龙死亡，死后骨头聚集在一起。居理还认为尖角龙是群居性动物，它们的行动如同今日非洲的角马或是北极的驯鹿一样，随季节成群地移动，在移动中，这群尖角龙在横渡泛滥的洪水河流时，在惊慌失措中被洪水吞没（这种灾难是北极驯鹿群渡越洪水时常常遇到的）。尖角龙的尸体顺流而下，被冲到岸边，待洪水退下，聚集的尸体又可能惨遭肉食动物的啃食，弄得尸骨散落，一片狼藉；待下次洪水过后，尸体被淤泥埋藏变成化石。

这些化石带来的信息告诉我们：尖角龙类在遭到灭顶之灾时，它们是群居的，它们可能正好在进行迁徙，恐龙的群居对于它们的族群繁衍和生存起着重要的作用。群居行为的存在也表明恐龙不是一群呆头呆脑的笨家伙，而是有较高智慧的一类动物。这种情形和早期的人类——原始人差不多，集中集体的力量去搏斗，生存下去。

恐龙的家庭生活

古生物学家根据恐龙的化石以及化石的埋藏情况发现，一些植食性恐龙是群居生活的，比如蜥脚类恐龙和鸭嘴龙、雷龙等，它们有自己的首领，首领会保护族群中的幼龙。幼龙从恐龙蛋中破壳而出时，大概有30厘米长，这个时候的它们还太脆弱，无法照顾自己，需要成年恐龙的喂养和保护。在每只幼龙的鼻子上长有小角，正是这个角，能让它们冲破恐龙蛋。

大型肉食龙，如霸王龙，就像今天的狮子一样，它们活动时很可能是以家庭为单位的，1983年在美国的德克萨斯州发现了一些生活于2亿年前的肉食恐龙化石，它们是霸王龙的老前辈，身躯比霸王龙小，大约4米，重270千克。这些恐龙的成年和未成年个体的骨骼都埋藏在一起，古生物学家认为它们是成群进行捕食的。

有一种小型肉食龙——虚骨龙类，它们也是结对生活和觅食，和今天的狼生活习性颇为类似。科学家发现了大量的恐龙群体脚印化石，它记录了这样一件发生于远古时代的惊心动魄的往事：凶猛、残暴的大型肉食恐龙来了，130条鸟脚类恐龙和虚骨龙类恐龙惊恐万状，狂奔而去……

在四川侏罗纪岩层中，各类恐龙均发现有孤孤单单埋在地层的完整骨架，它们像是单独生活的恐龙。也许是像现在兽类中的雄性动物，它们喜欢独来独往，只有在交配的季节才去找同类。

所以说，大多数恐龙是群居的，当然也有例外。

恐龙的繁衍

惊人的恐龙蛋化石

关于恐龙的化石有很多，其中就有恐龙蛋化石。恐龙蛋是恐龙类动物所生下的能种族繁衍的生殖产物。

恐龙蛋化石是非常珍贵的古生物化石，最早于1869年发现于法国南部普罗旺斯的白垩纪地层中，由于在全世界范围内发现的恐龙蛋化石的数量不多。所见到的一般都是蛋的钙质外壳，极少发现保存有某种恐龙胚胎化石的蛋，很难判断所发现的蛋化石是由哪类恐龙产的。因此，在很长的一段时期内，有关恐龙蛋化石的研究工作并没有取得重要的进展。

1984年，在中国出土了一件有6500万年历史的"恐龙蛋窝"化石，此件"恐龙蛋窝"化石包含22枚窃蛋龙恐龙蛋，其中19枚恐龙蛋中可见初具雏形的恐龙胚胎。本"恐龙蛋窝"化石出土之后，几经辗转流失到中国境外，2003年，一名美国收藏家在美国公开拍卖会上以42万美元将其买下，后经多方交涉无偿归还中国。这也是中国政府首次通过外交途径追回流失国外的古生物化石。

恐龙蛋化石的大小悬殊，小的直径在3厘米左右，大的直径可达56厘米。蛋化石的形状通常为卵圆形，少数为长卵形、椭圆形和橄榄形。恐龙蛋化石中最珍贵的品种是含有胚胎的恐龙蛋，中国是世界上恐龙蛋化石埋藏异常丰富的国家，无论在品种上还是数量上，都令世人瞩目。

从恐龙蛋原始结构在地层中保存的完好程度来看，一般分为两类：一类是恐龙蛋壳化石；另一类是完整的恐龙蛋化石，此类中有相当一部分含有胚胎。恐龙蛋化石可呈窝状产出，排列有序。如在中国河南省西峡地区，每窝恐龙蛋化石一般有几个至30几个，甚至更多，已发现一窝恐龙蛋化石最多达79个。在一块50厘米见方的石盘上，嵌有一个恐龙骨骼化石和3个恐龙蛋化石，实属举世罕见之珍宝。恐龙蛋化石一般可呈黑、黄、青、灰、褐、红等不同的颜色。其形状扁圆如胆，俗称"石胆"，看上去像倒扣的龟盖。它的表面有一层指甲厚、略带线纹的光洁皮壳，敲一块皮壳拿至鼻前可闻到一股淡淡的鱼腥气味。

小恐龙和小鸟一样，会本能地待在巢里，无论它们的父母发生什么事都不离开。有些恐龙的巢互相靠得很近，专家因此推测恐龙可能有群居习惯。令人惊讶的是，恐龙蛋并不像想象的那么大，恐龙蛋化石的最大直径为18厘米，最小直径为3厘米。如果恐龙蛋大小和恐龙体形成正比的话，那么蛋壳将会厚得让小恐龙无法孵化；而且也不可能让足够的氧气进入蛋内，供给小恐龙呼吸。

窃蛋龙、驰龙、伤齿龙这些小型兽脚类恐龙的蛋一般是长形的；马门溪龙、梁龙和雷龙这些4条腿走路的大块头的蛋是圆形的；鸭嘴龙那样的鸟脚类恐龙的蛋是椭圆形的；至于中生代霸主霸王龙的蛋是什么模样，还没有确定。

小恐龙的成长

有恐龙蛋就有小恐龙，但科学家只发现了少量的恐龙幼仔化石，这是因为小恐龙的骨骼柔软而脆弱，它们很难形成化石，即便被保存下来了，也很不容易对它们作出鉴定。

不过，可能不少小朋友会好奇，那么大的恐龙是怎样从恐龙蛋中出生的呢？恐龙妈妈又是如何照顾它的小宝宝呢？

在恐龙蛋化石出土之前，学术界一直在争论恐龙是胎生还是卵生的问题，这一问题得到解决之后，接踵而至的就是恐龙妈妈怎么生育恐龙蛋以及是否养育恐龙宝宝的问题了。

要解答这一系列问题，先要说明的是，恐龙与哺乳动物不一样，一般哺乳动物体格越大，它们的宝宝也越大，数量越少。

比如，小朋友们常见的哺乳动物水牛和大象，这些动物的宝宝在刚出生时最少都是十几千克重，而且只生一胎，而小兔子一胎能生十几只指头大的小宝宝。恐龙虽然那么大，但是恐龙蛋并不大，一般只比鸵鸟蛋大一些，而且一胎总是生产许多的蛋。

同样为卵生的蜥蜴、海龟等，它们不会孵化蛋，任由蛋自生自灭，那么恐龙呢？

在1922年时，美国科考团队在中亚的蒙古戈壁沙漠地区发掘出一个窝，这个经历亿年的窝告诉我们一个残酷的故事：很明显，这个窝是恐龙精心为恐龙小宝宝们准备的，属于一只小型的原角龙，窝里面的蛋排列整齐，应该是正在等待着被孵化，但是科考团队的队员很快就在不远处发现了恐龙妈妈的骨骼化石，恐龙妈妈死在了窝的旁边，而这些蛋失去了恐龙妈妈的保护，也不幸得不到孵化，很可能是发生了某种自然灾害，否则恐龙妈妈的遗体一般是不会如此巧合的保存的。

后来又陆陆续续发现许多恐龙蛋和窝，表明大部分恐龙确实是会像鳄鱼一样筑巢产卵，并且恐龙妈妈会保护这些蛋。恐龙蛋的结构已经和现在的鸡蛋结构相似了，恐龙胚胎在蛋壳保护中通过羊膜和蛋壳上的气孔呼吸，以卵黄为营养进行发育，还有一个囊用来暂时储存新陈代谢后的排泄物。小恐龙在蛋壳内慢慢成长起来，并最终破壳而出。现在还没能准确搞清楚，不同的恐龙宝宝需要多久的时间发育成熟。

恐龙蛋破壳而出后，会出现两种情况：一种是马上具有独立生存能力，这样，恐龙妈妈会立即离开它们，让它们独立去成长；还有一种情况，就是小恐龙会和种群一起成长，这种小恐龙需要在其他恐龙的庇佑下成长。前者以肉食恐龙为代表，例如暴龙和镰刀龙等，都是属于这一类；后者以植食恐龙为代表，如鸭嘴龙和前面提到的原角龙，这和现在的鳄鱼和羚羊类似。

科学家们经过研究发现，植食小恐龙破壳而出后，因为骨骼的钙化程度不够，所以并不能独立行走，此时，它们还需要恐龙妈妈的抚养，其中就有鸭嘴龙。鸭嘴龙虽然是一种长相怪异的恐龙，但是人们给它起了一个特别的名字——慈母龙，因为它会喂养刚出生的小鸭嘴龙，且照顾得十分体贴，等到这些小鸭嘴龙具备行动力后，恐龙妈妈还会像鸭妈妈带着小鸭子一样，领着恐龙宝宝出去觅食和活动。

因为一些恐龙是群居生活，所以它们的产卵、孵化、哺育行为应该也是群体的。在我国辽宁发现的鹦鹉嘴龙化石中，科考工作者发现，在一只成年鹦鹉嘴龙化石旁边偎依着34只小恐龙，这些恐龙族群应该是一起外出寻找最佳的产卵地点，然后分别筑巢产卵，等到孵化之后，就像企鹅一样轮流看守，其他的外出寻找食物，在灾难来临的时候，这只成年鹦鹉嘴龙正在履行它的工作，一些恐龙宝宝正嗷嗷待哺，但谁也不会想到灾难来得太快（很可能是火山喷发之类的灾害），它们被迅速覆盖窒息而死。

不出意外的话，恐龙种群会在小恐龙们具备长途跋涉能力的时候集体迁徙，就像大象带着小象游走在草原上。而那些大型肉食恐龙可就不这么幸运了，它们一出生就得用自己的爪子寻找食物，能不能长大全凭运气和实力；也有例外，少数群居的小型肉食恐龙可能会把恐龙宝宝带在群里，例如恐爪龙、迅猛龙。

恐龙世界与现在一样，体形越大的肉食恐龙，捕获猎物的可能性越大；体形越大的植食恐龙，生存能力越强。就像狮子捕食弱小的羚羊、斑马，而年迈的狮子只有饿死。恐龙小宝宝们出壳了不代表就成功了，要长到成年才算是成功了。

恐龙的大体格产小卵的特性，为它们的种族延续起到了重要的作用，毕竟在残酷的恐龙时代，就算是霸王龙宝宝能够长大的概率也不高，那么就依靠多生蛋来解决问题，一次生一大窝，总会有几个长大成年。因此恐龙的产蛋量一般都比较高。

那些能被很好地照顾的植食恐龙在具有行动力后，接下来就是在种群的掩护下，不断地成长，而与之不同的，那些肉食恐龙则是在成长的过程中，逐渐打败对手，这些恐龙都一步步向性成熟接近，直到它们长大成龙，找到异性，继续它们下一代的故事，然后又是筑巢、产卵。

不过，也不是所有的恐龙孕育新生命的方法都是孵蛋，能确定的是大多数植食恐龙有这一特性。

恐龙的足迹

恐龙的足迹化石是一种最常见的恐龙化石，很多足迹化石汇聚在一起就是所谓的行迹，行迹能告诉我们大量关于恐龙的信息，也能让古生物学家从中得出恐龙的生活习性。

恐龙的足迹化石有着恐龙骨骼化石无法替代的作用。骨骼化石保存了恐龙生前生后一些支离破碎的信息，足迹化石保存的却是恐龙在日常生活中的精彩一瞬。这些足迹不仅能反映恐龙日常的生活习性、行为方式，还能解释恐龙与其环境的关系，这些都是古生物学家梦寐以求的宝贵信息。

与单独的足迹相比，有着连贯顺序的"行迹"能提供更多的信息。世界上最著名的恐龙足迹要数美国纽约自然史博物馆的伯德在美国德克萨斯州国家恐龙公园的发现——12个迷惑龙（雷龙）并肩前进，后面一条食肉恐龙穷追不舍。这些罕见的恐龙追逐足迹化石目前陈列在纽约自然史博物馆，成为最吸引眼球的展品。

加拿大皇家科学院的萨琼特也有过著名的发现：加拿大一处足迹化石

点，有20～30只恐龙分成两排平行前进。在某一个点上，似乎有一只恐龙摔倒了，紧接着另一只也摔倒在地，不久又有一个倒下了。但很快这3只恐龙恢复了平衡，又开始协调一致地前进了。

这真是一组奇特的印痕，萨琼特猜测可能是素食性恐龙为防备肉食性恐龙进攻而进行的"演习"，是一场模拟的"自卫战"。

已知的世界上最大的恐龙足迹发现于中国刘家峡地区，时代为白垩纪早期，是由中国恐龙专家李大庆发现的，那是一个蜥脚类恐龙留下的足迹，这个足迹大得惊人，直径超过1.8米，超过了此前美国、韩国的发现。最小的恐龙足迹是由一位业余恐龙爱好者在加拿大的新斯舍省侏罗纪早期地层中发现的，整个足迹还不到2.54厘米长。估计造迹恐龙也不过像现在的麻雀那么大。

恐龙的袭击

行迹对于我们弄清楚恐龙是怎样行动的有着十分重要的意义，但有时候一组足迹能提供更多有用的信息，甚至能让我们搞清楚史前世界的一次完整的事件，比如在澳大利亚的勒克戈理就发现了这样一组痕迹，根据这些线索，人们推断出在那里可能发生过一次恐龙集体大逃亡。

经过分析表明，这些痕迹形成于白垩纪早期，这里曾经很有可能是一条干枯的小溪或者河流的河床，河底仍然很泥泞，踩在上面，还能留下脚印，这片被保存下来的地区面积大概有209平方米，由北向南延伸，而所有的痕迹到一处全部消失了，专家推断，很有可能是因为这些恐龙全部掉入一个水坑里。从这些痕迹我们可以窥见这样一幅图画：大约有150只肉食和植食恐龙聚集在这个水坑里，经推测，聚集于此的植食恐龙数量多得足以防止肉食者的袭击，但是，双方都是高度警惕地盯着对方以及周围的地区。

位于河床的北边，显示出一只臀高2.6米的大型肉食龙的痕迹，看痕迹它一共走了4步，在其后面的脚印能看出其行走速度的变化，好像就是在这个地方忽然发现了一群小猎物，它的步子就变小了，而深陷的脚印也消失了，看上去就好像是垫着脚尖又前进了5步，再转身，经过几秒之后，身处于水坑附近的小恐龙似乎发现了偷袭者，小恐龙惊慌逃窜，但是哪个逃跑的方向是猎食者的方向呢？这个问题不得而知，也有可能是水坑本身就是一个宽阔的湖泊，阻断了小恐龙们的退路，也许是另一个猎食者从另一个方向阻断了它们的路，但无论如何，整个恐龙群往河床上游逃去，进而形成了今天我们看到的那些脚印。

第02章
恐龙的出现：三叠纪时代的恐龙

在2.5亿年至2亿年前，中生代正式开始，而我们喜爱的恐龙就是这一时期出现的。恐龙的种类有很多，有凶猛的肉食性恐龙，也有温顺的植食性恐龙。孩子们，你们是否好奇这些恐龙长什么样子呢？接下来一起来探索关于恐龙的奥秘吧！

什么是三叠纪时代

　　三叠纪的名称是1834年由弗里德里希·冯·阿尔伯提起的，他将在中欧普遍存在的位于白色的石灰岩和黑色的页岩之间的红色的三层岩石层统称为三叠纪。今天，三叠纪被分成更多亚层。

　　三叠纪是2.5亿年至2亿年前的一个地质时代，它位于二叠纪和侏罗纪之间，是中生代的第一个纪。三叠纪的开始和结束各以一次灭绝事件为标志。虽然这段时间的岩石标志非常明显和清晰，其开始和结束的准确时间却如同其他远古的地质时代一样无法被非常精确地确定。其误差在正负数百万年。

　　海西运动以后，许多地槽转化为山系，陆地面积扩大，地台区产生了一些内陆盆地。这种新的古地理条件导致沉积相及生物界的变化。从三叠纪起，陆相沉积在世界各地，尤其在中国及亚洲其他地区都有大量分布。

气候

　　从红色砂岩这一能代表三叠纪时代的产物，我们可以看出，那个时代的气候明显是温暖干燥的，没有冰川，两极也没有陆地和覆冰，地球表面的地理分布决定了各地的气候，如果是靠近海洋的地方，自然就是温暖湿润且草木茂盛的，但是陆地面积太辽阔，湿润的海风根本无法吹进内陆，这样，就在大陆中间形成了巨大的沙漠，而沙漠地区的气候则十分干燥，在这样的气候影响下，一些耐寒的植物比如蕨类，以及不过分依赖水的针叶树就在此繁殖起来。

陆地

那个时期的地球环境与我们现在居住的地球环境是完全不同的。那个时候地球上只有一块大陆，这块大陆被称为泛古陆，也称"盘古大陆"。泛古陆大致可分为南北两部分。南方的古陆包括如今南美洲北部、非洲西部、中部和南部，以及澳洲西部，被人们称为"冈瓦纳古陆"；而北方古陆则包括北美洲北部、格陵兰和斯堪的纳维亚半岛，以及亚洲东部古陆，人们称其为"劳亚古陆"。

不过到三叠纪中期，泛古陆开始有分裂的迹象，在北美洲、欧洲中西部以及非洲的西北部均开始出现裂痕。

海洋

表面上看，泛古陆之外的地表上是一片一望无际的大海，在当时的地球上因为只有一片大陆，海岸线长度与今天比起来也是短得多。

三叠纪时期遗留下来的近海沉积比较少，并且主要分布于今天的西欧地区，因此三叠纪的分层主要是依靠暗礁地带的生物化石来确定的。

地层

三叠纪时期形成的地层被称为三叠系，代表符号为"T"。

从沉积相特点上进行划分，可以将其分为海相的阿尔卑斯型三叠系、海陆交互相的德国型三叠系以及陆相红层的英国型三叠系。随后，学术界又提出了补充的两点：北方海域的北极型三叠系与特提斯南缘浅海相的塞伐狄克型三叠系等。从这些划分出的类型中，我们都能看到欧洲大陆的一般情况。此外，还有亚澳地区的陆相含煤三叠系等类型。

到了三叠纪时代，脊椎动物获得了进一步的发展，其中，槽齿类爬行动物出现，并从它发展出最早的恐龙，三叠纪晚期，蜥臀目和鸟臀目都已有不少种类，恐龙已经是种类繁多的一个类群了，在生态系统占据了重要地位。

因此，三叠纪也被称为"恐龙世代前的黎明"。与此同时，兽孔类爬行动物中演化出了最早的哺乳动物——似哺乳爬行动物，但是，在随后从侏罗纪到白垩纪长达1亿多年的漫长岁月里，这批动物可以说是生不逢时，因为它们一直活在恐龙带来的阴影下。

埃雷拉龙

　　埃雷拉龙既是最古老的恐龙之一，也是速度相当快的两足肉食性恐龙，大约生活在2.3亿年以前，它证明了恐龙来源于同一个祖先。它与后来的肉食性恐龙有许多相同之处：锐利的牙齿、巨大的爪和强有力的后肢。体长5米，体重180千克，以其他小型爬行动物为食。埃雷拉龙的骨骼细而轻巧，这使它成为敏捷的猎手。埃雷拉龙耳朵里的听小骨化石显示，这种恐龙可能具有敏锐的听觉。

埃雷拉龙资料

恐龙名称：埃雷拉龙/赫雷拉龙

恐龙体长：5米

恐龙身高：3～4米

恐龙体重：180千克

恐龙食物：肉食

辨认要诀：锐利的牙齿、巨大的爪和强有力的后肢

所属类群：蜥臀目–兽脚亚目–埃雷拉龙科–埃雷拉龙属

生存年代：三叠纪中晚期

分布区域：阿根廷

外形

　　埃雷拉龙有些地方类似于早期的蜥臀目恐龙，而且古生物学家在研究其骨盆结构后，发现不少肉食性恐龙和埃雷拉龙都有相同之处。这证明了

恐龙同源说。

虽然已经找到了较为完整的化石，但是由于数量过于稀少，古生物学家只能确认埃雷拉龙外形的几个特点：锐利的牙齿、巨大的爪子和强有力的后肢。

埃雷拉龙有长而低平的头骨、锯齿状的锐利牙齿以及双铰颌部。它的头部从头顶往口鼻部逐渐变细，鼻孔非常小。埃雷拉龙的下颌骨处有个具有弹性的关节，在它张口时，颌部由前半部分扩及后半部分，因而能牢牢地咬住挣扎的猎物不松口。

生活习性

埃雷拉龙身体灵活、行动迅速、灵活机敏。它们生活在高处，拥有一双大长腿，常常大步行走在河岸边寻找食物或者伏击敌人，它们的爪子能抓取猎物，它们跑起来速度很快，所以如果是一些很小的猎物，一般都能成为它们的盘中餐。

板龙

板龙意为"平板的爬行动物"，是生存于2.1亿年前，三叠纪晚期的古老恐龙。板龙体长6～8米，身高3.6米，体重5吨左右，据考古研究它是生活在陆地上以植物为食的一种巨型恐龙。目前已在西欧超过50个三叠纪砂岩层发现了板龙化石，含超过100个标本和数十个保存良好的骨骸。板龙的化石主要属于长头板龙，已在德国南部、法国、瑞士以及格陵兰等地发现。

板龙资料

名称含义："平板的爬行动物"，指其粗大、有力的四肢骨骼

恐龙体长：6～8米

恐龙身高：3.6米

恐龙体重：5吨

恐龙食物：各类植物和树叶

辨认要诀：两只强壮的直立后腿

所属类群：蜥臀目-蜥脚形亚目-板龙科-板龙属

生存时代：2.22亿～2亿年前

分布区域：法国、瑞士和德国境内

外形

板龙既是三叠纪最大的陆生动物，也是已知最大的三叠纪恐龙，身体长度可达6～8米，体重估计有5吨。

板龙是植食性恐龙，但身体却很强壮。板龙的颈部很长，由9节脊椎构成，身体强健有力，呈梨状。板龙的尾巴由至少14节尾椎所构成，这样能和长颈之间起到平衡作用。

板龙的头颅骨比大多数原蜥脚类恐龙还要坚固、纵深；但是如果与它自身的身体相比，其颅骨则看起来很小，板龙的头颅骨有4对洞孔，包括鼻孔、眶前孔、眼眶、下颞孔。板龙拥有长口鼻部，颌部关节的位置低，可使下颌肌肉更加有力。板龙的上颌与下颌拥有许多小型牙齿，前上颌骨有5~6颗，上颌骨有24~30颗，齿骨上有21~28颗。这些牙齿有锯齿状、叶状的齿冠，适合消化植物。板龙被认为拥有狭窄的颊囊，可避免食物在进食时溢出嘴部。以上特征显示板龙只以植物为食。它们的眼睛朝向两侧，而非前方，形成全范围的视线范围，可警戒、注意掠食者。

生活习性

以植物为食的板龙是生活在地球上的第一种巨型恐龙，有"平板的爬行动物"之称。在板龙出现以前，最大的食草类动物的体型最多也只有一头野猪那么大，但板龙却和公共汽车一样长。与以前的任何恐龙都不同，它们颀长的身体可以帮助它们够到最高的树木的树梢，获取最鲜嫩的树叶。板龙的牙齿和上下颌的结构都不大适合于咀嚼。因此，板龙也是通过吞下石头，让石头研磨食物来帮助消化的。

板龙虽然身体庞大，但是四肢灵活，它们的指爪很容易向后弯曲，平时，按在地上像脚趾，但如果它想抓住什么东西的话，它就会弯曲自己的五只指爪，向前紧紧地攥成一个拳头。大多数情况下，它依靠爬行的四肢行走，并寻找在地上的食物，但有需要的情况下，它可以直接靠后腿直立起来。板龙直立行走是不容易的。它一旦直立行走，因为脖子太过灵活，会让它感觉到头重脚轻，因此，它们不可能总是以两脚着地的姿态行走。而四肢朝地的爬行方式对板龙来说，才更为舒服自然。

板龙是初期的草食恐龙，好像也吃肉，但有关这点尚无确切的资料以为证据。板龙有着筒状的身躯，脖短而头小，是三叠纪中最大的恐龙。身体硕大的板龙，由于体温升高时散热不易，常在旱季缺乏食物时，集体往海边迁徙，而也因需横越沙漠、忍受酷暑和口渴，所以万一在中途迷路，常会发生集体灭亡的惨事。

 腔骨龙

腔骨龙又名虚形龙，是北美洲的小型肉食性双足恐龙，也是已知最早的恐龙之一。它首先出现于三叠纪晚期的诺利阶。

1947年，科学家们在美国的新墨西哥州发现了一个大量的腔骨龙尸骨层。科学家们判断，之所以出现这么多的化石，可能是一次突然的洪水造成的，将它们集体冲走、掩埋。

不过，在历史上的那段时期，洪水确实很普遍，亚利桑那州的石化林国家公园就是由一次类似的洪水所造成的。1989年，埃德温·尔伯特将所有已发现的化石进行了一次完整的研究，埃德温·尔伯特的研究提供了很多有关腔骨龙的资料。

亚利桑那州及新墨西哥州出了很多腔骨龙的化石，在犹他州也有未确定的标本被发现，当中包括成年及幼龙。

腔骨龙资料

恐龙名称：腔骨龙/虚型龙

恐龙体长：2～3米

恐龙身高：1米以上

恐龙体重：30～40千克

恐龙食物：肉食

辨认要诀：空心的四肢骨头；吻部尖细

所属类群：蜥臀目-兽脚亚目-腔骨龙科-腔骨龙属

生存年代：三叠纪晚期

分布区域：美国亚利桑那州及新墨西哥洲

外形

腔骨龙是最早发现几副完整骨骼的恐龙。有2～3米长，臀部高于1米。

腔骨龙的体型亦比艾雷拉龙及始盗龙更为衍化。腔骨龙的头部有大型洞孔，可帮助减轻头颅骨的重量，而洞孔间的狭窄骨头可以保持头颅骨的结构完整性。长颈部则呈S形。

腔骨龙的躯体与基本的兽脚亚目体型一致，但肩带则有一些有趣的特征，就是它们有着叉骨，是恐龙中已知最早的例子。腔骨龙的每只手有4根手指，其中只有3根手指是有功能的，第四指则藏于手掌的肌肉内。

腔骨龙的骨盆及后肢与兽脚亚目的体型有少许差别。它因开放的髋臼及笔直的脚跟关节，而被定义为恐龙。后肢脚掌有3趾，而后趾是不接触地面的。

腔骨龙的长尾巴有不寻常的结构，在其脊椎的前关节突互相交错，形成半僵直的结构，似乎可制止它的尾巴上下摆动。当腔骨龙快速移动时，尾巴就因而成了舵或平衡物。

腔骨龙非常纤细，可能是种善于奔跑的动物。腔骨龙的头部长而狭窄，锐利的锯齿状牙齿显示它们为肉食性，可能以小型、类似蜥蜴的动物为食。它们可能以小群体方式集体猎食。

生活习性

腔骨龙体积并不大，是肉食性恐龙，它们是群居动物，但都是小范围聚集，就像现在的野狼这一族群一样。

腔骨龙骨头中空，因此体态轻盈，后腿很长，能快速奔跑，前肢比后腿短。奔跑时，将前肢收靠近胸部，尾巴挺起向后，这样能保持身体的平衡。吻部尖细，使整个头部显得狭长。

它的主食是些小型哺乳动物，也可能会袭击那些大型的食草恐龙。它是早期恐龙成员之一，所以，腔骨龙是健跑者也是暴食者。

关于腔骨龙，有个神奇的现象，科学家曾经在某具腔骨龙的体内发现了另外一具更小型的腔骨龙，根据这一发现，一些人推测，腔骨龙可能是体内生子，但是后来得到证实，腔骨龙可能是一种同类相食的动物。

在已发现的腔骨龙遗骸中，体内有大量小腔骨龙的骨头。由于这些骨头过于凌乱，而且体积过大，不可能源自于胚胎，所以这些骨头属于在母腹中未出生的胎儿之说轻易被驳斥。事实上在自然界中同类相残的例子可说是屡见不鲜。之所以会发生这样的现象，很有可能是极端压力或者是缺乏食物，比如，遇到极端干旱的天气，当动物们缺乏水源时，就可能会挤在一起并杀害同类，其中最为典型的这类动物就是恐龙。如果干旱时间比较长，一些恐龙也会将"魔爪"伸向弱小的同类。

在这里我们也科普一个关于恐龙的理论——这些早期的肉食恐龙并不需要排尿。这种理论基于现今鸟类和哺乳类的不同。哺乳类通过一种被称为尿素的化合物排出含氮的排泄物，这种排泄物有毒，所以需要水稀释。然而，鸟类是以尿酸的形式来排出氮物质，尿酸较不具毒性所以不需要借由水分排出。既然鸟类为恐龙的后裔，所以可能早在恐龙进化成鸟类前就发展出这种能力。显然这样的能力在干燥的三叠纪时期非常有利于生存。

🦕 理理恩龙

理理恩龙是腔骨龙超科恐龙的一属，生存于三叠纪晚期，2.15亿～2亿年前。理理恩龙在1934年于德国被发现，种名以德国科学家雨果·吕勒博士为名。理理恩龙身长约5.15米，重量约127千克。理理恩龙可能猎食草食性恐龙，比如板龙。

理理恩龙资料

恐龙名称：理理恩龙

恐龙体长：3～5米

恐龙身高：近2米

恐龙体重：100～140千克

恐龙食物：肉食

辨认要诀：长长的脖子和尾巴，前肢却相当短；有脊冠

所属类群：腔骨龙科–理理恩龙属

生存年代：三叠纪晚期

分布区域：德国

外形

理理恩龙体是那个时候最大的食肉恐龙。它长得很像以后出现的双嵴龙——有着长长的脖子和尾巴，前肢却相当地短。此外，理理恩龙还显示了许多早期肉食恐龙的特点，比如说，手上有5根手指。不过，它的第四指和第五指已经退化缩小了。在以后出现的食肉恐龙中，第四指和第五指根

本就不发育。

但科学家只发现过此龙的未成年个体的化石。体长3～5米。

理理恩龙最特别的地方是它头上的脊冠，由于脊冠只是两片薄薄的骨头，所以很不结实。在捕食时如果脊冠被攻击，它很可能因剧痛而放弃眼前的猎物，这也是唯一能够摆脱它的办法。

生活习性

理理恩龙通常会在水中对猎物下手，这是因为一些大型的植食性恐龙到了水里，动作就会缓慢很多，只能任由宰割。

哥斯拉龙

哥斯拉龙是腔骨龙超科恐龙的一属，哥斯拉龙生活于三叠纪晚期诺利克阶，距今约2.1亿年。根据早期的估计，哥斯拉龙的身长约5.5米，体重150～200千克，是当时的大型肉食性动物之一。

哥斯拉龙资料

恐龙名称：哥斯拉龙

恐龙体长：5.5米

恐龙身高：不详

恐龙体重：150～200千克

恐龙食物：肉食

辨认要诀：长长的脖子和尾巴，前肢却相当短。

所属类群：腔骨龙科-哥斯拉龙属

生存年代：三叠纪晚期诺利克阶

分布区域：北美地区

外形

推测身长5.5米（亚成年体），体重150～200千克（亚成年体）。与体型巨大的植食性恐龙相比，它们的身体略显娇小，但是在肉食恐龙的群落里，哥斯拉龙算得上是比较大的一类了。

虽然身型较大，但它们的体态却十分轻盈，能够灵活地转身、倒退，而且行动敏捷，奔跑速度极快，这让它们能够在肉食恐龙的激烈竞争中脱颖而出。

生活习性

哥斯拉龙对环境的适应能力特别强,无论是寒冷的山地,还是湿热的雨林,甚至是干旱的草原,都能看到它们出没。它们生存能力也很强,即使是几天没进食,也能精神振奋地奔跑,并且能继续追捕猎物。就算是在受伤的情况下,它们也能顽强地生存下去,表现出了顽强的生命力。

同时,哥斯拉龙也很凶残,古生物学家经过分析发现,它们可能是三叠纪时期体型最大的肉性恐龙。它们拥有尖锐的牙齿与锋利的爪子,拥有敏捷的身手与强壮的后肢,拥有超强的耐力与顽强的毅力,它们凶残成性,遇到猎物绝不手软。它们有着霸龙似的霸气与能力。

里奥哈龙

里奥哈龙是一种草食性原蜥脚下目恐龙，它们生活在三叠纪晚期。里奥哈龙是以阿根廷拉里奥哈省为名，它们是由约瑟·波拿巴发现的。

里奥哈龙资料

恐龙名称：里奥哈龙

恐龙体长：10米

恐龙身高：不详

恐龙体重：不详

恐龙食物：植食

所属类群：蜥臀目–蜥脚形亚目–里奥哈龙科

生存年代：三叠纪晚期

分布区域：阿根廷

外形

里奥哈龙的躯体很重，腿部结实，前后肢长度差不多，显示出它们以四足行走和奔跑。颈部与尾巴都很长。根据化石研究发现，里奥哈龙的牙齿呈叶状、有锯齿边缘。上颌的前方有5颗牙齿，后方有24颗牙齿。

古生物学家从原蜥脚类的标本中研究探索发现，里奥哈龙的腿骨大且密度高。其脊椎骨呈现中空的状态，这样的构造能减轻身体的整体重量。一般来说，原蜥脚类的荐椎只有3节，但里奥哈龙的荐椎却多了1节。因此，古生物学家推断，里奥哈龙可能改以四足方式缓慢移动，并且无法用后腿支撑以此站立。

古生物学家发现的第一个里奥哈龙的化石并没有头颅骨，后来经过探寻才发现。

生活习性

里奥哈龙的前后肢长度差不多，所以它们是以四足行走的方式缓慢移动的，在茂密的原始森林中，它们缓慢移动着身躯，以各种蕨类植物为食，因为体型太过庞大，所以它们需要用四肢来支撑身体的重量，而靠后腿是无法站立的。

南十字龙

　　南十字龙，是恐龙总目下的一属恐龙，该物种被认为是最早的恐龙。以后侏罗纪和白垩纪的相当一部分食肉恐龙都由南十字龙进化而来。南十字龙虽然是已灭亡的恐龙中的一属，但它躲过了第四次物种大灭绝，因此它对恐龙的演化，尤其是食肉恐龙的演化有着至关重要的作用。南十字龙是种小型的兽脚亚目恐龙，最早生活于三叠纪晚期的巴西。

南十字龙资料

　　恐龙名称：南十字龙

　　恐龙体长：2米

　　恐龙身高：80厘米以上

　　恐龙体重：约30千克

　　恐龙食物：肉食

　　辨认要诀：上颚处牙齿整齐分布；后肢细长

　　所属类群：蜥臀目-兽脚亚目-南十字龙科-南十字龙属

　　生存年代：三叠纪晚期

　　分布区域：巴西

外形

南十字龙的身长约2米，尾巴的长度约80厘米，体重约30千克。

按照南十字龙的牙齿形态来说，它应该是肉食性恐龙，但是因为南十字龙的骨骸类似原蜥脚下目，相关人员也搜集了很多资料，证明它是属于蜥脚下目类的恐龙，南十字龙可能代表蜥臀目的祖先到兽脚亚目和蜥脚形亚目的分支进化的过渡期。然而一个在亚利桑那州多色沙漠发现的未命名化石，被认为是种典型原蜥脚下目恐龙。这样看来，在南十字龙出现以前，似乎原蜥脚下目就已经进化出来了。而最新研究显示，南十字龙与近亲始盗龙、艾雷拉龙属于兽脚亚目，而且是在蜥脚下目与兽脚亚目分开演化后，才演化出来。

化石研究

南十字龙的化石记录是零碎的，只有大部分脊椎骨、后肢和大型下颌。不过，因为其处于恐龙时代的早期，这就让大部分的南十字龙特征都得以重建。譬如，关于南十字龙的典型特征——五根手指和五个脚趾，这都是原始恐龙最为典型的特征。自从南十字龙的腿部骨骸被发现后，人们也认为南十字龙的奔跑速度极快。除此之外，南十字龙只有两个脊椎骨连接骨盆与脊柱，这也是很明显的一种原始排列方式。南十字龙的尾巴可能长而细。

重建过的下颌骨，显示出滑动的下巴关节，可让下颌做出前后、左右、上下移动的动作。因此，南十字龙能将较小的猎物沿着小而向后弯曲的牙齿，往喉咙后方推动。这个特征在当时的兽脚亚目恐龙相当普遍，但在晚期的兽脚亚目恐龙则消失了。原因可能是晚期的兽脚亚目恐龙演化为直接吞食小型猎物，所以不再需要能够滑动的下巴关节。

皮萨诺龙

皮萨诺龙又名匹萨诺龙、皮萨龙或比辛奴龙，是二足的原始鸟臀目恐龙，生存于晚三叠纪的南美洲。化石发现于阿根廷的伊斯基瓜拉斯托组，年代属于三叠纪晚期的卡尼阶，2.28亿～2.165亿年前。

皮萨诺龙资料

恐龙名称：皮萨诺龙

恐龙体长：1米

恐龙身高：30厘米

恐龙体重：2.27～9.1千克

恐龙食物：植食

辨认要诀：尾巴与身体等长

所属类群：鸟臀目–皮萨诺龙属

生存年代：三叠纪晚期

分布区域：阿根廷

外形

皮萨诺龙是种小型草食性恐龙，身长约1米，身高30厘米。它的重量为2.27～9.1千克。这些数据因皮萨诺龙的化石不完整而有所浮动。某些研究人员参考其他早期鸟臀目恐龙，将皮萨诺龙重建为尾巴与身体等长，但由于没有发现皮萨诺龙的尾巴，这仅止于推测。

生活习性

皮萨诺龙是已知最原始的鸟臀目恐龙，它们是植食性恐龙，主要以蕨类和低矮的树叶为食，由于现今发现的关于皮萨诺龙的化石并不完整，所以人们对于皮萨诺龙的认识还十分有限，有待科学家进一步的发现和论证。

化石研究

自从皮萨诺龙的化石被发现以来，皮萨诺龙的分类、演化位置长期存在争议。科学家们比较集中的看法是，皮萨诺龙是已知最原始的鸟臀目恐龙。它们的颅后骨骼似乎缺乏任何鸟臀目的共有特征。保罗·塞里诺曾经在1991年指出皮萨诺龙的化石是种嵌合体。但最近几年的最新研究认为，皮萨诺龙的化石来自单一个体。

皮萨诺龙曾经被归类于畸齿龙科，或是已知最原始的鸟臀目恐龙。在2008年，里查德·巴特尔提出皮萨诺龙应属于畸齿龙科，而且是已知最早、最原始的鸟臀目恐龙。

在1967年，皮萨诺龙初次被命名时，也建立了皮萨诺龙科，模式属是皮萨诺龙。1976年，何塞·波拿巴提出皮萨诺龙科是畸齿龙科的异名，之后皮萨诺龙科被废除、不再正式使用。

在阿根廷的伊斯基瓜拉斯托组，科学家们发现皮萨诺龙的化石。他们认为这个地层的年代属于三叠纪晚期的卡尼阶，2.28亿～2.165亿年前。除了皮萨诺龙外，这里还发现了喙头龙目、犬齿兽类、二齿兽类、迅猛鳄科、鸟鳄科、坚蜥目，以及埃雷拉龙、始盗龙等原始恐龙的化石。

始盗龙

在目前已发现的诸多恐龙中，始盗龙是最原始的一种。1993年，始盗龙被发现于南美洲阿根廷西北部一处极其荒芜的不毛之地——伊斯巨拉斯托盆地，该地属于三叠纪晚期地层。始盗龙是小型肉食动物，长约1.5米，能够两足行走。

始盗龙是保罗·塞雷那、费尔南都·鲁巴以及他们的学生共同发现的，同一个地点还发现了埃雷拉龙，这也是一种颇为原始的恐龙。始盗龙的发现纯属偶然，当时挖掘小组的一位成员在一堆弃置路边的乱石块里居然发现了一个近乎完整的头骨化石，于是挖掘小组趁热打铁，对废石堆一带反复"扫荡"，没过多久，一具很完整的恐龙骨骼呈现在他们面前，更令人惊喜的是，这是他们从没有见过的品种。就这样，迄今为止最古老的恐龙被发现了，2.3亿年前，它就生活在这片土地上……

始盗龙资料

恐龙名称：始盗龙

恐龙体长：1.5米

恐龙身高：不详

恐龙体重：约10千克

恐龙食物：以肉食为主的杂食

辨认要诀：前肢是后肢长度的一半

所属类群：蜥臀目–蜥脚形亚目–始盗龙属

生存年代：三叠纪晚期

分布区域：阿根廷

外形

始盗龙是一种小型恐龙，身体只有1.5米长，只有大约10千克重，但它是趾行动物，以后肢支撑身体。它的后肢是前肢的两倍长，而两只手都有五指，其中最长的3根手指都有爪，科学家认为这些爪应该是用来抓捕猎物的，并且认为第四和第五根手指因为太小，在狩猎时应该起不到什么太大的作用。

始盗龙可能主要吃小型的动物。它的短跑能力比较强，当捕捉猎物后，会用指爪及牙齿将猎物撕开，不过它的牙齿（叶状齿类似原蜥脚下目的牙齿）也适合食草，所以它也有可能是杂食性动物。

生活习性

在始盗龙的上下颌上，后面有一排像带槽的牛排刀一样的牙齿，但令人惊奇的是，它的前排牙齿却是树叶状的，而这一点又表明它们可能也吃素，这样一来，就足以证明它们是杂食动物了。

始盗龙的一些特征也证明，它是地球上最早出现的恐龙之一。例如，它有5根"手指"，但是再后来出现的肉食性恐龙的"手指"数却不断减少，比如，后来的霸王龙的"手指"数目只有2根了。再如，始盗龙的腰部只有3节脊椎骨支持着它那小巧的腰部，而当后来的恐龙越变越大时，腰部脊椎骨的数量也逐渐增多了。不过始盗龙也有一些特征与黑瑞龙以及后来出现的各种食肉恐龙都一样。例如，它的下颌中部没有一些素食恐龙那种额外的连接装置。再如，它的耻骨不是特别地大。虽然与后期恐龙有所差异，但毫无疑问，始盗龙和黑瑞龙在三叠纪晚期的出现，代表了恐龙时代的黎明。

化石研究

根据始盗龙的骨骼化石，我们可以相当清楚地知道它是一种主要依靠后肢两足行走的兽脚亚目食肉恐龙，但也很有可能时不时"手脚并用"。虽然始盗龙仍然像它的初龙老祖宗一样有5根趾头，但是其第五根趾头已经退化，变得非常小了。始盗龙手臂及腿部的骨骼薄且中空，站立时是依靠它脚掌中间的3根脚趾来支撑它全身的重量，未来它的兽脚亚目子孙们都继承了这两个特征。但不同的是，始盗龙的第四根也是最后一根脚趾却只是起到行进中辅助支撑的作用而已。

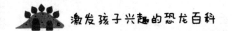

瓜巴龙

瓜巴龙是基础蜥脚形亚目恐龙，生活于三叠纪晚期的南美洲。瓜巴龙的化石发现于巴西南里约格兰德州。如同艾雷拉龙，瓜巴龙的每只手掌有3指及退化的2指。模式种是坎德拉里瓜巴龙，是由约瑟·波拿巴及J.法里格勒在1998年描述、命名。

瓜巴龙资料

恐龙名称：瓜巴龙

恐龙体长：不详

恐龙身高：不详

恐龙体重：不详

恐龙食物：肉食

辨认要诀：每只手掌有3指及退化的2指

所属类群：基础蜥脚形亚目

生存年代：三叠纪晚期

分布区域：巴西

外形

瓜巴龙是一种早期恐龙，它们的身体构造依旧比较原始，瓜巴龙的上颌骨与下颌骨相比要发达很多，并且上颌骨的前端是向下弯突的，它的牙齿比较粗大，眼眶也很大，而这些都是早期恐龙身上比较突出的一些特征。

生活习性

瓜巴龙与埃雷拉龙、始盗龙是同一时代的恐龙，因此，科学家认定，它们之间一定有着某些联系，也有了与后来出现的各种肉食恐龙类似的特征，最主要体现在它的耻骨开始变小，而下颌中部已经没有一些植食性恐龙该具备的一些身体构造了。

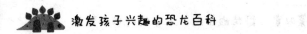

黑丘龙

　　黑丘龙又名梅兰龙、美兰龙，身长可达12米，是种草食性恐龙，属于蜥臀目蜥脚下目黑丘龙科，生存于晚三叠纪的南非。

黑丘龙资料

恐龙名称：黑丘龙

恐龙体长：10～12米

恐龙身高：不详

恐龙体重：不详

恐龙食物：植食

辨认要诀：四肢骨头巨大而沉重

所属类群：蜥臀目–蜥脚型亚目–黑丘龙科

生存年代：三叠纪晚期

分布区域：南非西部

外形特征

　　黑丘龙拥有巨大的身体与健壮的四肢，身长可达10～12米，头很小，四肢粗壮，尾长，以四足方式移动。它的四肢骨头巨大而沉重，类似蜥脚类的四肢骨头。如同大部分蜥脚类的脊椎骨，黑丘龙的脊椎中空，以减轻重量。黑丘龙之所以进化出庞大身躯可能是用来抵御天敌。

化石研究

　　2007年，第一个黑丘龙的完整颅骨被发现了，黑丘龙的头部很小，颅骨约25厘米长，大致呈三角形，口鼻部略尖。前上颌骨有4颗牙齿，这是种原始蜥脚形亚目的特征。

第03章
恐龙的繁荣：探秘侏罗纪时代的恐龙

　　相信很多小朋友都在电视节目中听过"侏罗纪时代"这一名词，侏罗纪时代是恐龙的繁荣时代，这一时期，很多新的恐龙迅速崛起，而在侏罗纪末期，恐龙无论是从体形上还是智力上都远远超过其他生物，这些优势使它们成为那一时代地球上当之无愧的统治者和霸主。

什么是侏罗纪时代

侏罗纪是一个地质年代，界于三叠纪和白垩纪之间，即1.996亿（误差值为60万年）～1.455亿年前（误差值为400万年）。

侏罗纪的名称取自于德国、法国、瑞士边界的侏罗山。它是中生代的第二个纪，虽然这段时间的岩石标志非常明显和清晰，其开始和结束的准确时间却如同其他远古的地质时代，无法非常精确地被确定。超级陆块盘古大陆此时真正开始分裂，大陆地壳上的缝隙形成了大西洋，非洲开始从南美洲裂开，而印度则准备移向亚洲。

此时，地球上有这些生态特征：

陆地上的生物

1.恐龙

这一阶段的植食性恐龙有原龙脚类和鸟盘目恐龙，以及类似哺乳类的小型爬行类。但到了晚期，巨大的蜥脚类恐龙占了优势。对于这些动物而言，无论是高处的，还是低处的植物，都能吃到，且能通过吞食石头来研磨食物以达到促进消化的目的。

大型的兽脚类猎食草食性动物，而小型的兽脚类，如腔骨龙类和细颚龙类等则追捕小型猎物，也可能以吃腐肉为生。

2.昆虫

此时的昆虫出现了多样化特征，在森林、湖泊和沼泽附近，出现了多达一千多种昆虫，比如，我们现在常见的蟑螂、甲虫、蜻蜓之类的昆虫，以及一些蛴螬类、树虱类、蝇类和蛀虫类，均源于侏罗纪时代。

3.植物

侏罗纪时期，地面上长满了蕨类和木贼所构成的浓密植被。如智利松的近亲—针叶林，突出于树蕨、棕榈状拟苏铁类和苏铁类所组成的大层林。

在侏罗纪的植物群落中，最繁盛的应当是裸子植物中的苏铁类、松柏类和银杏类。森林，就是由蕨类植物中的木贼类、真蕨类和密集的松、柏与银杏和乔木羊齿类组成的。草本羊齿类和其他草类植物到处都能看到，如果是比较干燥的地带，则遍地是苏铁类和羊齿类，形成广阔常绿的原野。

侏罗纪之前，地球上的植物分区比较明显，由于迁移和演变，侏罗纪植物群的面貌在地球各区趋于近似，说明侏罗纪的气候各地大体上是相近的。

空中的生物

具有皮质翅膀的翼龙类是空中的优势生物。早期的鸟类也出现了，最著名的就是始祖鸟，1861年在德国巴伐利亚州索伦霍芬晚侏罗纪地层中发现的"始祖鸟"化石一度被认为是最古老的鸟类代表。化石研究发现，始祖鸟拥有与小型兽脚类相似的骨骼、牙齿和爪子，但也有长羽毛的翅膀和尾巴，并且能够飞翔。

4.鸟类

1996年3月14日，我国古生物学家在辽宁发现的"中华龙鸟"化石，得到了国际学术界的广泛关注，为研究羽毛的起源、鸟类的起源和演化提供了新的重要材料。

鸟类的出现代表了脊椎动物演化的又一个重要事件。随着鸟类的出现，脊椎动物首次占据了陆、海、空三大生态领域。

水中的生物

伪龙类和板齿龙类在这一时期都灭绝了，但鱼龙存活了下来，生活在浅海中的动物还有一群四肢已演化成鳍形肢的海鳄类和硬骨鱼类。其他的海洋生物还有蛇颈龙和短龙。到了晚期，鱼龙和海鳄类逐渐步向衰亡。

侏罗纪是恐龙生存的鼎盛时期，此时，恐龙已经逐渐变成地球的霸主，各类恐龙一同生活在地球上，展现出千姿百态的恐龙世界。当时除了生活在陆地上的迷惑龙、梁龙、腕龙外，水中的鱼龙和飞行的翼龙等也大量发展和进化。

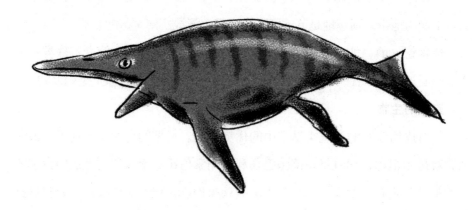

禄丰龙

禄丰龙化石是在中国找到的第一个完整的恐龙化石，因发现于中国云南省禄丰县而得名。禄丰龙生存于距今约1.9亿年的侏罗纪早期。禄丰龙身体结构笨重，大小中等（6～7米长），属兽脚型。禄丰龙曾被认为属于原蜥脚类的板龙科，且是蜥脚类的祖先。而实际上原蜥脚类并不是蜥脚类的直接祖先，仅是一类在晚三叠纪（距今2亿年）曾与蜥脚类同时存在的原始蜥臀类恐龙，生存了较短时间就灭绝了。禄丰龙是生活在浅水区的恐龙，主要以植物叶或柔软藻类为食，多以两足方式行走，但在就食和在岸边休息时，前肢也落地以辅助后肢和吻部的活动。

禄丰龙资料

恐龙名称：禄丰龙

恐龙体长：6～7米

恐龙身高：超过2米

恐龙体重：3.5吨

恐龙食物：植食

辨认要诀：前肢短小，有5指；脊椎粗壮；尾长

所属类群：蜥臀目–原蜥脚亚目–板龙科–禄丰龙属

生存年代：侏罗纪早期

分布区域：中国

外形

头骨较小（相当于尾部前三个半脊椎长），鼻孔呈三角型，眼前孔小而短高，眼眶大而圆，上颞颥孔靠头骨上部，侧视不见。下颌关节低于齿列面，上枕骨和顶骨间有一未骨化的中隙。牙齿小，不尖锐，单一式，牙冠微微扁平，前后缘皆具边缘锯齿。颈较长，脊椎粗壮，尾很长。颈椎10节，背椎14节，荐椎3节，尾椎45节。肩胛骨细长，胸骨发达，肠骨短，耻骨及坐骨均细弱。前肢仅有后肢的2/3长。

生活习性

原蜥脚类恐龙的长尾，用处可大呢。研究它们的学者认为，它主要起平衡身体前部重量的作用，以帮助头和脖颈抬起。其次，就是每当困倦时，它们可以找一个安全隐蔽的地方，把尾巴拖到地上，这时候两条后腿正好与长尾构成一个三脚支架，相当稳定，然后就可以放心地闭上眼睛打个盹。如果肚子饿了，它们就去寻找水边鲜嫩细柔的植物啃食之，或从树上扯下一簇鲜枝嫩叶充饥。这类动物行走时可能四足并用，弓背而行，但必须时时引颈张望，警惕地观察四周的动静，时刻提防肉食恐龙的进攻，一旦发现险情，便及早逃向密林深处躲藏起来。

化石研究

禄丰恐龙化石数量众多、种类齐全、密集度高、跨年代长、保存完整，在世界上具有较高的学术研究价值，堪称世界顶级资源。

禄丰恐龙化石主要有以下几个特点：

▲数量多、种类全。迄今为止，在禄丰发现的恐龙化石标本达120余具，已经记述命名的就有10属12种，脊椎动物化石门类多达24属35种。这些古老的化石含鱼类、两栖类、龟鳖类、鳄型类、晰蜴类、恐龙类和早期的哺乳动物。

▲时代早。禄丰龙是亚洲首次发现的板龙类化石，是截至21世纪为止

亚洲发现时代最早、最原始的原蜥脚类恐龙，"禄丰晰龙动物群"中的龟鳖类、鳄类、晰蝎类、似哺乳爬行类、早期的哺乳动物等也分别是亚洲同类古生物中时代最早的。

▲跨年代长、保存完整。禄丰恐龙化石是世界上在同一地区发现侏罗纪早、中、晚三个时期的恐龙动物群的地区，从原蜥脚类到蜥脚类、兽脚类的演化，以及草食性恐龙、肉食性恐龙、脊椎动物化石与无脊椎动物化石共埋一地的少有奇观，为研究侏罗纪恐龙动物群的演化、迁徙、区域分布提供了丰富而珍贵的实物材料，同时这意味着不同种类和时期的恐龙在这一地区存在的时间持续了6000万年，这是截至21世纪，地球演化历史中的一个奇迹。

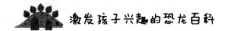

巨椎龙

巨椎龙又名大椎龙，属名在希腊文意为"巨大的脊椎"。大椎龙是原蜥脚下目的一属，生存于早侏罗纪（赫塘阶到普林斯巴赫阶），即2亿~1.83亿年前。

大椎龙是在1854年由理查·欧文根据来自南非的化石而命名。因此它们是最早被命名的恐龙之一。大椎龙的化石已经在南非、莱索托以及赞比亚等地被发现，此外在亚利桑那州的卡岩塔组、印度、阿根廷等地发现了类似的化石，但不确定是否属于大椎龙。

长久以来，大椎龙被描述成四足恐龙，但2007年的一份研究认为大椎龙是二足恐龙。虽然原蜥脚类恐龙被推论可能为杂食性动物，大椎龙却可能是草食性动物。大椎龙身长4~6米，具有长颈部、长尾巴、小型头部以及修长的身体。大椎龙的前肢具有锐利的拇指指爪，可能用来防卫或协助进食。近年的研究发现，大椎龙具有类似鸟类的气囊，而且有亲代养育的行为。

巨椎龙资料

恐龙名称：巨椎龙

恐龙体长：4~6米

恐龙身高：不详

恐龙体重：135千克

恐龙食物：植食

辨认要诀：锁骨功能良好；颈部长

所属类群：蜥臀目–蜥脚亚目–大椎龙科–大椎龙属

生存年代：侏罗纪早期

分布区域：南非

外形

大椎龙是种中等大小的原蜥脚类恐龙，身长约4米，体重接近135千克，少数的研究估计大椎龙的身长可达6米。大椎龙长久以来被认为是四足动物，但2007年的一份对于其前肢生理构造的研究则认为，从它们的动作范围，排除了惯常四足步伐的可能。这个研究还认为大椎龙手部转动的幅度有限，排除了以指关节着地或其他形式的行走方式。

在其他方面，大椎龙是种典型的原蜥脚类恐龙。它们的身体修长，颈部长，具有大约9节长颈椎、13节背椎、3节荐椎以及至少40节尾椎。耻骨朝前，如同大部分的蜥臀目恐龙。与同为原蜥脚类的板龙相比，大椎龙的身体较轻。近些年发现，大椎龙具有发育良好的锁骨，并连接成类似叉骨的型态，由此可知它们的肩胛骨固定不动，更可知这些锁骨不像那些没有真正叉骨的恐龙一样的缺乏功能。这个发现也指出鸟类的叉骨是从锁骨演化而来的。

如同板龙，大椎龙的每个脚掌都有5根脚趾，拇指有大型指爪，可用来协助进食，或抵御掠食者。前掌的第四与第五指小型，使前掌看起来不对称。该2007年的研究指出大椎龙的双手手掌面朝内；而化石出土时，腕部从未保持在关节连接的状态。

生活习性

巨椎龙在吃食物会故意将一些又小又圆的鹅卵石吞入胃中，但是小朋友们，你别担心，就像前面提到过的，它们是不会消化不良的，相反，它们吞食鹅卵石正是为了促进消化吸收。原来，巨椎龙的牙齿很小，虽然能咬断树叶，但咀嚼功能并不强，而这些被吞入胃中的鹅卵石可以将树叶捣成浓厚而粘稠的汁液，这些石头就好比是碾磨器一样，借助这些鹅卵石，它们就能吸收到身体所需要的营养了。

棱背龙

轻度装甲的棱背龙，身长不超过一辆汽车的长度，头部小小的，相较之下颈部的长度在所有装甲恐龙中算是较长的了。身体最高点在臀部，骨质的筋腱让它的尾巴挺得直直的，最重要的特征是沿着颈部、背部长至尾巴的数排脊状骨板与骨质结瘤。牙齿则和剑龙的相似，嘴部最前端是窄喙，进食时以窄喙剪下低处的嫩叶或果实，颚部再简单地上下运动以咀嚼食物。背上的装饰则是应对攻击的最佳防御。

棱背龙资料

恐龙名称：棱背龙

恐龙体长：3～4米

恐龙身高：不详

恐龙体重：200千克

恐龙食物：植食

辨认要诀：背上长满圆角状的突起物，尾巴长度超过身体的一半

所属类群：剑龙

生存年代：侏罗纪早期

分布区域：中国、美国、英国

外形

棱背龙的头部较小，而颈部则相对较长。它的四肢很健壮，承受着全身的重量。前肢略短于后肢，前肢的掌部宽大、强健，并生有蹄状的爪。

棱背龙习惯四足行走，整个身体的最高点在臀部。棱背龙偶尔会直立身体、后肢着地去吃枝叶，但平常似乎是以四脚行走的。它前肢的手部和后肢的脚部一样宽。当它走投无路时会蹲伏在地上，只让坚韧、有坚甲的背部暴露出来。

从棱背龙的皮肤印痕化石上可以看出，其表皮上覆盖着一排排骨质突起，在这些骨质突起之间又有许多圆形的小鳞片，称为鳞甲。鳞甲的形状与大小依其生长在头部、身体或尾巴等部位而有所不同。如果有肉食性恐龙咬穿棱背龙的表皮，其牙齿碰到这些硬块之后就再也咬不下去了。

生活习性

有的古生物学家猜测棱背龙可能是一种两栖类动物，棱背龙可能用它的窄喙切割下树上的嫩叶和多汁的果实，然后通过上下颌的简单运动咀嚼食物。

双嵴龙

双嵴龙长约6米，体重达半吨，身高约2.4米。是一种凶猛的食肉恐龙。它的化石在美国亚利桑那州图巴市西面的纳瓦荷印第安保留区中被发现。在发现骨头化石的几十米之下，发现有大型肉食性恐龙的足印，可能是属于双嵴龙的。从这些化石推断，双嵴龙是生活于侏罗纪早期的。科学家认为双嵴龙是侏罗纪早期最残暴、最凶猛的食肉动物。

双嵴龙资料

恐龙名称：双嵴龙

恐龙体长：6米

恐龙身高：2.4米

恐龙体重：约500千克

恐龙食物：肉食

所属类群：蜥臀目-兽脚亚目-双嵴龙科

生存年代：侏罗纪早期

分布区域：美国

外形

双嵴龙长达6米，站立时头部高约2.4米。头顶上长着两片大大的骨冠，故名双嵴龙。前肢短小，善于奔跑，是侏罗纪早期的食肉恐龙。

双嵴龙的整个身体骨架极细。它的头部有两块骨脊，呈平行状态。头骨上的眶前窗比眼眶要大。它的下颌骨比较狭长，上下颌都长着锐利的牙齿，但上颌的牙齿比下颌的牙齿长。双嵴龙的后肢比较长，其中耻骨占了很大的比例。

双嵴龙的头上有圆而薄的头冠。有的古生物学家认为其头冠是雄性双嵴龙争斗的工具。但是经考证，双嵴龙的头冠是比较脆弱的，不太可能用于打斗。所以有的古生物学家认为，双嵴龙的头冠也许只是用来在求偶季节吸引异性的炫耀工具，如同现代雄性鸟类鲜艳的羽毛。头冠大的双嵴龙可在群居中占有较大的地盘，并拥有和更多雌性恐龙交配的特权。

生活习性

双嵴龙能够飞速地追逐草食性恐龙。比如全力冲刺追逐小型、稍具防御能力的鸟脚类恐龙，或者体形较大、较为笨重的蜥脚类恐龙，如大椎龙等。在追到猎物后，会用长牙撕咬并同时挥舞脚趾和手指上的利爪去抓紧食物。

双嵴龙鼻嘴前端特别狭窄，柔软而灵活，可以从矮树丛中或石头缝里将那些细小的蜥蜴或其他小型动物衔出来吃掉。与后来的大型食肉恐龙相比，双嵴龙的身体显得比较"苗条"，所以它行动敏捷。由于它的口中长满利齿，故也能捕杀一些大个子的食草恐龙。但是，也有些科学家怀疑它的牙齿功能，说它只是一种食腐肉的恐龙，因为双嵴龙在上颌介于前颌骨和颌骨之间的接合处有深深的沟槽。前颌骨或许具有窄的勾状喙，用来咀嚼食物。因此古生物学家推测它的觅食方式也许像秃鹫一般，专吃动物死尸，不同的是它只适于吃那些大型原始蜥脚类的死尸。要想吃大型动物的死尸必须装备有一个窄而钩状的前喙，以便撕裂动物的皮肤，而双嵴龙恰恰具备了这样的嘴。

🦕 盐都龙

盐都龙是比较原始的鸟脚类恐龙，体长1~3米。脑袋小，但短而高。牙齿齿冠边缘有锯齿，眼睛大而圆，后肢肌肉发达，是典型的两足行走动物，善奔跑。发现于中国的"千年盐都"自贡，由此得名。

盐都龙资料

恐龙名称：盐都龙

恐龙体长：1~3米

恐龙身高：不详

恐龙体重：不详

恐龙食物：杂食

辨认要诀：后肢发达；桡骨长度小于股骨长度的2/3

所属类群：鸟臀目-鸟脚亚目-奥斯尼尔龙科

生存年代：侏罗纪中期

分布区域：中国

外形

盐都龙主要为多齿盐都龙和鸿鹤盐都龙两种。

多齿盐都龙是一类奔跑灵活、两足行走的小型鸟脚类恐龙，体长1.2~1.4米。其头小，吻短，眼眶大而圆，与相近种相比，上下颌牙齿较多，前肢短小，后肢细长，其嘴里的牙齿呈叶状，数目多，故被称为多齿盐都龙。

鸿鹤盐都龙的化石并不完整，仅包括部分上颌、脊椎和肢骨等，估计身体全长约为2米，属于个体较大的棱齿龙类恐龙。上颌骨略呈三角形，牙齿多于12枚，齿冠扁平，中嵴不发育；颈椎平凹型且具有明显的腹嵴，背椎双平型；肱骨与肩胛骨等长；整个骨架比较粗壮。

生活习性

盐都龙生活在灌木丛中，是一类善于快跑的杂食性恐龙。

化石研究

首次发现的盐都龙化石是两副近乎完整的骨骼，发现于中国四川省自贡市，而自贡市是中国的"千年盐都"，盐都龙也因此得名。专家对化石进行研究后推测，盐都龙是比较原始的鸟脚类恐龙，生存于侏罗纪中期。

气龙

气龙是肉食性恐龙，体长3.5～4米，体重约150千克。生活在侏罗纪中期，主要分布在亚洲。化石发现于中国四川省自贡市大山铺。

气龙是一种中等体型的肉食恐龙。它们并不爱生气，只因被发现的过程和天然气有点关系而得名。1979年，一只考察队在寻找天然气时偶然发现了它们的化石，因此取名为气龙。

气龙资料

恐龙名称：气龙

恐龙体长：3.5~4米

恐龙身高：2米

恐龙体重：约150千克

恐龙食物：肉食

辨认要诀：匕首状牙齿，后肢粗壮，前肢退化

所属类群：蜥臀目–兽脚亚目–巨齿龙科–气龙属

生存年代：侏罗纪中期

分布区域：中国

外形

气龙长3～4米，高2米，臀部高1.3米，体重约150千克。气龙有强壮的脚及短的手臂，是中型肉食性恐龙。它的头骨轻盈，牙齿侧扁，呈匕首状，前后缘上有小锯齿。前肢退化，常用粗壮的后肢行走，奔跑灵活。它

是大山铺恐龙动物群中的霸主。

生活习性

侏罗纪中期的蜀龙动物群里，气龙是一种敏捷的掠食者，它体形中等，是肉食性恐龙，根据挖掘的头骨化石以及保存好的躯体骨架进行复原后表明，它的牙齿尖锐，边缘呈锯齿状，这样能撕裂生肉，而它们同时具有强有力的前肢，这样能抓捕小型猎物或者是大型猎物的外皮，这些与侏罗纪时期的其他巨龙特征相似。

气龙是两足动物，奔跑速度很快，且捕食其他动物，是大山铺恐龙动物群中可怕的捕猎者。

化石研究

气龙的正型标本为一缺失头骨的不完整骨架，收藏在中国科学院古脊椎动物研究所，骨架体长约为4米。

气龙在大山铺的恐龙动物群中个体不少于6个，其中有两具较完整的标本被保存在埋藏厅内。目前只发现了少量的化石，所以关于气龙的详细资料很少，气龙的头颅骨部分尚未发现。因此，一些学者认为气龙其实是开江龙，早期研究认为气龙属于斑龙超科，另有研究将气龙分类于原始虚骨龙类恐龙。另有研究根据未叙述的化石，认为气龙是种原始肉食龙下目恐龙，可能属于中华盗龙科。虽然目前气龙被分类在肉食龙下目中，它有可能是原始虚骨龙类恐龙，或是与两个演化支的共同祖先是近亲。无论如何，气龙是已知最古老的坚尾龙类之一。

峨嵋龙

峨嵋龙意为"峨嵋蜥蜴"，是一种蜥脚下目恐龙，生存于侏罗纪中晚期（巴通阶到卡洛维阶）的中国。它们的属名来自于峨嵋山，峨嵋龙的化石是在1939年由杨钟健等人在峨嵋山附近的荣县发现，属于沙溪庙组地层。

峨嵋龙资料

恐龙名称：峨嵋龙

恐龙体长：12～14米

恐龙身高：4～7米

恐龙体重：10～15吨

恐龙食物：植食

辨认要诀：17节颈椎

所属类群：蜥臀目–蜥脚下目恐龙

生存年代：侏罗纪中期

分布区域：中国

外形

如同其他蜥脚下目，峨嵋龙是草食性动物。它们是群中大型蜥脚类恐龙，每个种的体型都有很大的差距，身长介于12～14米，高度则为4～7米，重量为10～15吨。与其他蜥脚形亚目恐龙一样，峨嵋龙拥有典型的庞大身体与长颈部，头部成楔形。然而，不像许多蜥脚下目恐龙，峨嵋龙的鼻孔位于鼻部前端，而非头顶。由于后肢较长，其背部最高点位在臀部。

峨嵋龙的颈部长，颈椎数量多达17节，大于蜥脚下目的平均值。脊椎本身长且大。峨嵋龙可能是该时期中国最常见的蜥脚类恐龙。它们可能与沱江龙、重庆龙等草食性恐龙一样，都是以群体方式生存。

生活习性

峨嵋龙是生活于侏罗纪中期的一种体形较大的恐龙，头较大，头骨高度为长度的二分之一多。它的颈椎很长，所以脖子显得特别长，最长的颈椎为最长的背椎的3倍，超过尾巴长度的1.5倍。峨嵋龙前肢短而粗壮，前肢第一指有爪，后肢第一、二、三趾上也有爪。它主要生活在内陆湖泊的边缘，牙齿粗大，前缘有锯齿，以植物为食。峨嵋龙喜群体生活。

化石研究

峨嵋龙曾被划分到鲸龙科中，因为曾在同一个地质层发现了峨嵋龙化石与一个尾棒化石。这个尾棒化石现在被认为属于一个巨大的蜀龙个体。不过，还是有人认为它应该有个很小的尾锤。斧溪峨嵋龙有时会与自贡龙混淆，这两种恐龙虽然有相同的属名，但其实化石材料不同。

1972年，杨钟健、赵喜进的马门溪龙研究中，曾提到了马门溪龙科。而在2002年，威尔森建立了峨嵋龙科来取代马门溪龙科，并包含峨嵋龙与马门溪龙两属。但科学文献中极少使用峨嵋龙科/马门溪龙科这名词。有研究认为这两个属的头骨类似盘足龙，应属于盘足龙科。

华阳龙

华阳龙是一种存活于中侏罗纪中国的剑龙下目恐龙。华阳龙发现于下沙溪庙组，与其他蜥脚类如蜀龙、酋龙、峨嵋龙、原颌龙以及肉食性气龙，一起居住于同一块侏罗纪中期的陆地上。

华阳龙资料

恐龙名称：华阳龙

恐龙体长：约4米

恐龙身高：不详

恐龙体重：1～4吨

恐龙食物：植食

辨认要诀：尾巴末端有4根尖骨刺

所属类群：鸟臀目–装甲亚目–华阳龙科

生存年代：侏罗纪中期

分布区域：中国

外形

华阳龙身长近4米，体重1～4吨。

华阳龙从头至尾都生有骨板或棘刺。在它的头部有两行心形的骨质硬片，从肩膀的部位开始还有一对尖锐的骨质棘刺，每根有1.5米长。它的骨板在盆骨处开始逐渐变小，一直延伸到尾巴的中部，在尾巴的末端还有四根突出的尖尖骨刺。

生活习性

华阳龙较为矮小的身体似乎也更容易使它们成为气龙等食肉恐龙的捕食目标。但是，作为最早的剑龙，华阳龙已经发展了一套独特的防御武器，那就是它肩膀上、腰部以及尾巴尖上长出的长刺。当饥饿的气龙攻击华阳龙时，华阳龙会把身体转到某个适当的位置，以使它身上的长刺指向进攻者。同时，用带有长刺的尾巴猛烈抽打敌人。

在侏罗纪中期，河边通常长满了绿色地毯般茂密的矮小蕨类植物，这样的地方一般没有高大的树木。当华阳龙用它们那适于啃食和研磨的小牙齿在这样开阔的"草地"上进食的时候，它们的幼仔往往成为气龙等捕食者觊觎的对象。不过，只要小华阳龙紧跟在它们的父母身边，那些捕食者还是不敢轻易地发动进攻。显然，父母保护幼仔的亲子行为对于华阳龙来说是必不可少的。

灵龙

灵龙是小型的草食性恐龙，生活于侏罗纪中期的东亚。它的名字来自拉丁文的"灵敏"，因它轻盈的骨骼及长脚而命名。

灵龙资料

恐龙名称：灵龙

恐龙体长：约1.2米

恐龙身高：不详

恐龙体重：不详

恐龙食物：植食

辨认要诀：骨骼轻，脚骨长

所属类群：鸟臀目-鸟脚亚目-法布劳龙科

生存年代：侏罗纪中期

分布区域：中国

外形

灵龙的外形很小巧，体长只有1.2米，上下颌前端形成了喙嘴，这个特征和鸟臀目类恐龙一样，可以帮助灵龙在进食的时候切碎食物，有利于它们更好地进食。

化石研究

灵龙的化石是一具完整的骨骼，可说是鸟臀目所有已发现的化石中最为完整之一。只有部分左前脚及后脚遗失，而可以根据余下部分来重组其体型。

　　该骨骼是在兴建自贡恐龙博物馆时被发现的，现今已存放在该博物馆内。这个博物馆展览了多种从自贡市大山铺发掘出来的恐龙化石，包括灵龙、宣汉龙、蜀龙及华阳龙。这个石矿包含了下沙溪庙组地层的岩石，地质年代被认为是侏罗纪中期的巴通阶至卡洛维阶，距今1.68亿～1.61亿年前。

🦕 剑龙

　　剑龙体形巨大，是一种生存在侏罗纪晚期和白垩纪早期的食草性动物，它的背上有一排巨大的骨质板，以及带有四根尖刺的尾巴来防御掠食者的攻击，体长约9米，重2~4吨。

　　研究认为它们居住在平原上，并以群体游牧的方式和其他食草动物（如梁龙）一同生活。

剑龙资料

　　恐龙名称：剑龙

　　恐龙体长：约9米

　　恐龙身高：2.3~3.5米

　　恐龙体重：2~4吨

　　恐龙食物：植食

　　辨认要诀：头部窄小，身躯庞大；后肢长于前肢

　　所属类群：鸟臀目-装甲亚目-剑龙科

　　生存年代：侏罗纪中晚期

　　分布区域：美国

外形

　　剑龙有着奇特的身体比例，头部很窄小，但身躯却如同大象，从鼻子到尾尖长8~9米，重达4吨。

　　剑龙有4只脚，它们的后脚有3根脚趾，而前脚则有5根。四肢皆由位

于脚趾后方的脚掌支撑。剑龙的后脚比前脚更长也更强壮，这使它的姿态变得前低后高。它们的尾部明显高于地面许多，而头部则相对较为贴近地面，能够离地不超过1米。剑龙是完全用四足行走的恐龙，大小与象差不多，前肢短，后肢较长，整个身体就像拱起的一座小山。因为后肢的脚步会受到前肢的限制，它们并不能非常快速地行走，最快每小时是6～7千米。

它的背上长着两排三角形的骨板，宛如一把把插着的尖刀。

剑龙的脑容量不比狗的脑容量更大，与整个身体相比之下便显得相当的渺小。

生活习性

剑龙与相近的恐龙皆属于草食性，不过它们的进食策略与其他的草食性鸟臀目恐龙有所不同。其他鸟臀目恐龙拥有能够碾磨植物的牙齿，以及水平运动的下颚。而剑龙（包括剑龙下目）的牙齿缺乏平面，牙齿与牙齿之间无法闭合，它们的下颚也无法水平地运动。

侏罗纪晚期物种丰富且在地理上分布广泛，古生物学家认为剑龙所吃的食物包括了苔藓、蕨类、木贼、苏铁、松柏与一些果实。同时由于缺发咀嚼能力，因此它们也会吞下胃石，以帮助肠胃处理食物。剑龙并不像现代草食性哺乳类一样以地面上低矮的禾本科植物（草）为食，因为这类植物是在白垩纪晚期才演化出来，那时剑龙早已灭绝许久。

关于剑龙低矮的觅食行为策略有一种假说认为，他们吃较矮的非开花植物的果实或树叶，并且认为剑龙最多只能吃到离地1米的食物。另外，如果剑龙如巴克尔所述，能够以两只后脚站立的话，那么它们就能够找到并吃到更高的植物。对于成年剑龙来说，甚至能够达到离地6米的高度。

斑龙

斑龙又名巨龙、巨齿龙，属名在希腊文意为"巨大的蜥蜴"。斑龙是种大型肉食性恐龙，生存于中侏罗纪巴通阶的欧洲（英格兰南部、法国、葡萄牙）。截至目前发现的斑龙化石遗骸非常破碎，里面可能还混杂其他兽脚类骨骼的破片。

斑龙资料

恐龙名称：斑龙

恐龙体长：约9米

恐龙身高：3米

恐龙体重：3吨

恐龙食物：肉食

辨认要诀："手指"和"脚趾"上长有尖爪

所属类群：蜥臀目–兽脚亚目–斑龙属

生存年代：侏罗纪中晚期

分布区域：英国、法国、葡萄牙

外形

斑龙站起来高达3米，它们的头部很长，大约有1米，颈部厚实，不过非常灵活，前肢健壮短小，后肢修长有力，它们经常用手掌和足部的利爪攻击其他动物，是一种十分凶残的猎食者。

生活习性

斑龙是一种无肉不欢的恐龙，它看起来和犀牛一样笨重，体重大约有3吨，对于那些灵活、腿脚麻利的猎物，斑龙无法捕获，但是它们会用自己的体重来战胜较小的肉食恐龙和行走缓慢的植食恐龙，或许它们能嗅到死去恐龙的尸体散发出的腐烂味道，并把较小的食腐动物赶跑，然后扑过去饱餐一顿。

🦕 马门溪龙

马门溪龙是中国发现的最大的蜥脚类恐龙之一，在宜宾市马鸣溪渡口发现其化石，经科学鉴定，属蜥脚类亚马目。全长约22米，体躯高将近7米。它的颈特别长，相当于体长的一半，颈椎数多达19节，是蜥脚类恐龙中颈椎数最多的一种。另外，颈部也是所有恐龙中最长的（最长颈部可达12.1米）。与颈椎相比，马门溪龙的背椎、荐椎及尾椎相对较少。

马门溪龙资料

恐龙名称：马门溪龙

恐龙体长：16～45米

恐龙身高：近7米

恐龙体重：20～55吨

恐龙食物：肉食

辨认要诀：颈椎数多达19个

所属类群：蜥臀目–蜥脚形亚目–马门溪龙科

生存年代：侏罗纪晚期

分布区域：中国

外形

马门溪龙从头顶到尾尖长达22米，身高为7米，活着的时候体重甚至可达55吨。马门溪龙的颈部长达9米，是长颈鹿的3倍，长颈鹿仅有7节颈椎，而马门溪龙却有19节颈椎，它的颈部还特别生有肋骨，称为颈肋，最长可达3米，能与后面第三节颈椎相连，增强了颈部的力量，但也使颈部转动起来很费力。

马门溪龙与另一种著名的恐龙——雷龙外形非常相似，唯一的不同就是脖子长度。它们的脖长能占到身体总长的一半。

生活习性

1.45亿年前，恐龙生活的地区覆盖着广袤的、茂密的森林，到处生长着红木和红杉树。成群结队的马门溪龙穿越森林，用它们小的、钉状的牙齿啃食树叶，以及别的恐龙够不着的树顶的嫩枝。马门溪龙用四足行走，它那又细又长的尾巴拖在身后。在交配季节，雄马门溪龙在争雌的战斗中用尾巴互相抽打。

腕龙

腕龙是蜥脚下目的草食性恐龙，生活于晚侏罗纪，它的前肢比起后肢大很多。腕龙是曾经生活在陆地上的最大的动物之一，也是最有名的恐龙之一。

一头25米长的成年腕龙，能把脑袋抬到距离地面13米的位置，相当于4层楼的高度。古生物学家曾经在计算腕龙的体重时，犯了一个错误，导致腕龙的体重成倍地增加，达到惊人的80吨。事实上，最新研究表明腕龙体重仅有20～30吨。

腕龙资料

恐龙名称：腕龙

恐龙体长：约25米

恐龙身高：15米

恐龙体重：30吨

恐龙食物：草食

辨认要诀：尾巴短粗，头部能抬得很高

所属类群：蜥臀目–蜥脚形亚目–腕龙科

生存年代：侏罗纪晚期

分布区域：美国科罗拉多州的大河谷和非洲的坦桑尼亚

外形

腕龙的颈部由13节巨大的颈椎骨连接而成，长度超过体长的1/3。和梁龙一样，人们也曾认为腕龙的脖子可以向上90度垂直抬起，但最新研究表明它们只能抬到50度左右。不过，腕龙的骨骼结构能支持它们长时间抬头，"标准姿势"就是头颈斜向上抬起，不像梁龙的头颈平时都是向前平伸的。

不光是脖子，腕龙的全身仿佛都在追求高度。大部分蜥脚类恐龙都是后肢比前肢发达，腕龙却是前肢更长，从前脚掌到肩膀足有6米！腕龙的拉丁文学名，意思就是"前臂蜥蜴"，中文又将前臂译作了"腕"。从尾巴、臀部、肩膀到脖子，腕龙的身体如同一道逐渐升高的斜坡，脑袋高高悬在半空中，傲视着脚下的大地。由于后肢和尾巴比较短，腕龙没法像梁龙一样用后肢站立——其实也不需要，它们凭借高昂的头颈，只要4条腿稳稳站在地面上，就能吃到高处的植物。

生活习性

腕龙性情温和，喜欢群居，因为有很大的胃口，它们经常需要迁移，所到之处，大地震颤，烟尘滚滚，周边的小动物常常被惊散开来。

🦕 圆顶龙

圆顶龙是一种蜥脚类恐龙。它们是北美洲最常见的大型蜥脚下目恐龙，成年体形约20米长，体重可达50吨。

圆顶龙资料

恐龙名称：圆顶龙

恐龙体长：约20米

恐龙身高：不详

恐龙体重：15～50吨

恐龙食物：植食

辨认要诀：头骨开孔大；勺形牙齿

所属类群：蜥臀目–蜥脚形亚目–圆顶龙科

生存年代：侏罗纪晚期

分布区域：北美洲

外形

圆顶龙代表了蜥脚类的一演化支系，形态上与蜀龙有很多相同之处。表现在外形上，主要是脖子比躯干长不了多少，而躯干很壮。其实，这类动物最大的特征是头骨上开孔大，结构较为轻巧，两个鼻孔分别开在头骨的两侧，口中生着勺形的牙齿。圆顶龙已是一种较为进步的蜥脚类，不仅体形大，体长可达18米，体重可达50吨，而且在骨骼上已演化出协调巨大体重的结构——腿骨粗壮圆实，适于承重；脊椎骨坑凹发达，显得轻便。

这种动物的勺型牙齿较为粗大，从牙齿严重磨蚀的情况看，它也能吃些质地粗糙的食物。另外，当牙齿磨损坏了，它还能长出新的牙来代替原来的旧牙。

生活习性

圆顶龙可以说是北美地区最有名的恐龙之一，它们生活于晚侏罗纪时期开阔的平原上。1997～1998年，古生物学家们在美国怀俄明州发现两头成年圆顶龙及一头12.2米长的幼龙集体死亡的化石。古生物学家们大胆提出假设：它们在最后休息的地方被泛滥的河流所淹没。这显示圆顶龙是以群族（或最小是以家庭）来行动的。而且，圆顶龙蛋被发现时都是散落的，并非整齐地排列在巢穴之中，可见圆顶龙并不照顾它们的幼龙。

圆顶龙是群居动物，它们不会筑窝，哪怕是生小恐龙，也是一边行走一边生，所以生出的恐龙蛋形成一条线。圆顶龙还是植食动物，吃东西时，它们也不咀嚼，而是将整片叶子吞下，它们主要以蕨类植物的叶子以及松树为食。它们有着非常强大的消化系统，会吞下砂石来帮助消化胃里其他坚硬的植物。

始祖鸟

始祖鸟生活在距今1.55亿～1.5亿年前的侏罗纪晚期，它们的大小和现今的中型鸟类相仿

始祖鸟资料

恐龙名称：始祖鸟

恐龙体长：约0.5米

恐龙身高：不详

恐龙体重：不详

恐龙食物：肉食

辨认要诀：有羽毛、翅膀和叉骨；人字形的长尾巴

所属类群：蜥臀目－兽脚亚目－始祖鸟科

生存年代：侏罗纪晚期

分布区域：德国

外形

始祖鸟长有羽毛、翅膀和叉骨，这些都是鸟类独有的特征，因此，在很长一段时间内，人们一直认为始祖鸟是最原始的鸟类，但是后来人们通过对其羽毛细致的观察发现：每一条细小的毛发上面，都有许多复杂的结构，纵横交错，还有很多钩状物相连，而这些特点只有鸟类恐龙才具备。后来，科学家又发现了始祖鸟的化石，人们发现始祖鸟长有齿间板、坐骨突、距骨升突及人字形的长尾巴，这些都是恐龙的显著特征，至此，人们

才认为始祖鸟是恐龙。

生活习性

　　始祖鸟是否能飞翔这一问题，生物学家们一直争论不休。而化石研究发现，始祖鸟并非是强壮的飞行者，最多也只能在遭受危险时利用翅膀来短距离滑翔或者从高处俯冲至更远的地方，研究中也发现，它们的脚趾关节极度膨大，说明它们十分善于在地面奔跑，根据这些便能判断，它们属于地栖动物。

蛮龙

　　蛮龙也叫野蛮龙、蛮王龙，属于兽脚亚目斑龙超科里的斑龙科斑龙亚科。蛮龙生活在侏罗纪晚期，1.53亿年前的启莫里阶，是侏罗纪最强和体形最大的兽脚亚目和食肉恐龙之一，还是欧洲发现的最大的食肉龙。分布范围包括美国、葡萄牙、南非、坦桑尼亚、中国。

蛮龙资料

　　恐龙名称：蛮龙

　　恐龙体长：9～14.2米

　　恐龙身高：不详

　　恐龙体重：2～12.2吨

　　恐龙食物：肉食

　　辨认要诀：指爪巨大，牙齿很长

　　所属类群：蜥臀目–兽脚亚目–斑龙科–斑龙亚科–蛮龙属

　　生存年代：侏罗纪晚期

　　分布区域：美国、葡萄牙、南非等

外形

　　蛮龙体长9～14.2米，体重2～9吨，最重12.2吨。集超强的咬合力和巨大恐怖的指爪于一身，其咬合力最大可达到15吨。性情残暴，腿长而强壮，奔跑速度够快，体形粗大强壮，牙齿很长且属于半放血半碎骨的牙齿。

生活习性

蛮龙被称为侏罗纪晚期到白垩纪早期恐龙界的第一号冷血杀手，是侏罗纪最强、最大的兽脚亚目恐龙和食肉龙，也是第三大兽脚亚目。蛮龙的头骨很长，考古学家们根据其近亲复原了蛮龙的完整头部。经估计，最大的蛮龙头骨大约有1.52米长。蛮龙巨大的体形并没有影响它捕食时的速度，其腿骨粗壮且长，甚至拥有超过异特龙的速度，这样的身体构造使其可以迅猛地追上并扑倒猎物。

化石研究

蛮龙属目前有五个种：谭氏蛮龙、君王蛮龙、格式蛮龙、英格蛮龙、中国蛮龙（代称）。除了那些被人收藏的化石，目前发现了十几个并不算很完整的化石标本，但是由于标本不完整，所以它的准确体形现在也无法判断，不过有一点可以确定——它是侏罗纪时期欧洲地区体形最大的肉食恐龙。在美国，已经找到了蛮龙残杀并吃掉异特龙的确切证据，小朋友们，由此更可以看出蛮龙的残暴和凶狠，是侏罗纪名副其实的残酷霸主和蛮横王者。

2014年，中国也发现了蛮龙的零碎骨骼化石，古生物学家经过鉴定发现这些骨骼化石应是蛮龙属的一个新的种，不过暂时还未被命名，在科学家内暂被称为中国蛮龙。由于蛮龙有着和霸王龙很相似的外貌身形、凶狠残暴的性情以及无可撼动的顶级霸主地位，因此它也被称为"侏罗纪的暴龙"。

欧罗巴龙

欧罗巴龙是种基础大鼻龙类恐龙，属于蜥脚下目，是种四足植食性恐龙。它们生存于侏罗纪早期启莫里阶的德国北部的下萨克森盆地，其体形较小，推测是因岛屿环境隔离而造成的侏儒物种。

欧罗巴龙资料

恐龙名称：欧罗巴龙

恐龙体长：1.7～6.2米

恐龙身高：不详

恐龙体重：不详

恐龙食物：植食

辨认要诀：体形矮小

所属类群：蜥脚下目-腕龙科-欧罗巴属

生存年代：侏罗纪晚期

分布区域：德国

生活习性

欧罗巴龙生活的地点在1.5亿年前是一片大海泛区，这里有无数被分离的陆地、岛屿，这也让生活在这些陆地和岛屿的动物被分离开来，大家各自过着自己的生活。因为无法交流，隔离的小岛上没有足够的食物提供给身形巨大的动物，久而久之，在这里生活的欧罗巴龙的身形便变得矮小了，这样能与环境适应，从而得以生存。

化石研究

在海相的碳酸盐地层中发现了成年与未成年欧罗巴龙的化石，这些化石超过11个个体，身长1.7～6.2米不等。

欧罗巴龙的属名意为"欧罗巴蜥蜴"，种名是以发现者Holger Lüdtke命名的。原型标本由部分脱离的头颅骨、颈椎、荐椎构成，这些原型标本来自于单一个体。欧罗巴龙的化石都发现于下萨克森州哥斯拉镇附近的兰根博格采石场。

异特龙

异特龙，又名跃龙或异龙，是蜥臀目兽脚亚目恐龙的一属。它们生存于晚侏罗纪，1.55亿～1.35亿年前。自从在1877年被奥塞内尔·查利斯·马什命名以来，已有许多的可能种被归类于异特龙属，但只有少数被认为是有效种。

异特龙资料

恐龙名称：异特龙

恐龙体长：7～9.7米

恐龙身高：不详

恐龙体重：1.5～3吨

恐龙食物：肉食

辨认要诀：头骨巨大；牙齿有倒钩

所属类群：蜥臀目-兽脚亚目-异特龙科

生存年代：侏罗纪晚期

分布区域：北美洲、非洲

外形

异特龙是种中型的二足、掠食性恐龙，身长7～9米，最长9.7米，体重1.5～3吨，最重3.6吨。异特龙的头部特别大，成年异特龙的头骨可以达到1米，它们的牙齿不仅锋利，而且还有倒钩。

生活习性

异特龙被认为是种主动攻击的大型掠食者。根据蜥脚类恐龙骨头上的异特龙齿痕，以及与蜥脚类化石一起发现的零散异特龙牙齿来判断，异特龙可能以蜥脚类恐龙为猎食对象，或是搜寻它们的尸体为食。

角鼻龙

角鼻龙是侏罗纪晚期一种很凶残的食肉恐龙，从外形上看，它与其他的食肉恐龙没有太大区别，都是大头、粗腰、长尾，双脚行走，前肢短小，上下颌强健，嘴里布满尖利而弯曲的牙齿。但它的鼻子上方生有一只短角，两眼前方也有类似短角的突起，这可能就是它被称为角鼻龙的原因。另外，头部还生有小锯齿状棘突。

角鼻龙资料

恐龙名称：角鼻龙

恐龙体长：4.5～8米

恐龙身高：不详

恐龙体重：约900千克

恐龙食物：肉食

辨认要诀：鼻子和两眼前方有短角突起

所属类群：蜥臀目-兽脚亚目-角鼻龙科

生存年代：侏罗纪晚期

分布区域：美国

外形

角鼻龙又名角冠龙，是种典型的兽脚类恐龙，具有大型头部、短前肢、粗壮的后肢以及长尾巴的特征，其中，最典型的特征是嘴部很大，牙齿像短刃，鼻端有一个尖角，眼睛上还有一对小角。它的前肢很短且强壮有力，有

4趾。荐骨及骨盆均固定在一起，就像现今鸟类的综荐骨。角鼻龙有很大的颅骨。每块前上颌骨有3颗牙齿，每块齿骨有11～15颗牙齿，每块上颌骨有12～15颗牙齿。

鼻骨的隆起形成了鼻角。一个角鼻龙的幼年标本显示，其鼻角分为两半，仍没有愈合成完整的鼻角。除了大型鼻角，角鼻龙的每个眼睛上方有块隆起棱脊，类似异特龙。这些小型棱脊是由隆起的泪骨形成。

角鼻龙的背部中线，有一排皮内成骨形成的小型鳞甲。它的尾巴相当长，将近占到身长的一半，窄而灵活。

生活习性

恐龙生活的地方河流、湖泊纵横，小朋友们是否想过，恐龙都会游泳吗？答案是否定的。事实上只有很少一部分恐龙会游泳。诸如有些蜥脚类恐龙在逃避肉食恐龙的追捕时能够进入河流中躲避。根据一些科学家的推测，大部分肉食恐龙不喜欢在水中生活，它们喜欢生活在比较干燥的地方，角鼻龙也是如此。

嗜鸟龙

嗜鸟龙意为"偷鸟类者"，是一种小型兽脚亚目恐龙，生存于晚侏罗纪的劳亚大陆西部，约为现在的北美洲。对于嗜鸟龙的了解几乎来自同一块化石，该化石在1900年发现于怀俄明州的科莫崖附近，并由亨利·费尔费尔德·奥斯本在1903年所叙述、命名。后来还发现一块手部化石，被归类于嗜鸟龙，目前被归类于长臂猎龙。嗜鸟龙的种名是用来纪念美国自然历史博物馆的标本制作人员亚当·赫曼。莫里逊组的嗜鸟龙化石，发现于第二地层带。

嗜鸟龙资料

恐龙名称：嗜鸟龙

恐龙体长：约2.5米

恐龙身高：不详

恐龙体重：不详

恐龙食物：肉食

辨认要诀：颈部呈S形；鞭状尾巴长度约占全身长度的一半

所属类群：蜥臀目–兽脚亚目–虚骨龙类–嗜鸟龙属

生存年代：侏罗纪晚期

分布区域：美国

外形

嗜鸟龙的颈部是弯曲的，呈S形，后肢坚韧有力，所以跑起来速度很快，且前肢很长，能快速抓取东西。嗜鸟龙上下颌前方的牙齿又长又尖，一旦抓取到猎物，就能快速分食。它的尾巴如同鞭子一样，占据了身体一半以上的长度，追赶猎物时也能平衡身体。

嗜鸟龙的头顶上有一个小型的头盖骨，眼眶后面的骨骼与大型的肉食性恐龙很像。它的口鼻部可能有一个骨质突起，下颌骨比较厚，呈圆锥状的牙齿基本集中在颌部的前半部分，后面的则为小而弯曲、尖锐而宽扁的牙齿。

嗜鸟龙的前肢较长，且健硕有力，前肢的指上长着一根短而具利爪的拇指和两根带爪的长指头。嗜鸟龙掌上的第三节趾向内弯曲，这能帮助它们牢牢抓住已经到手但又在不停挣扎的猎物。

生活习性

嗜鸟龙发现目标时会突然跃起扑向猎物，这一方法适合捕捉早期的鸟类、类似鸟类的恐龙以及翼龙。但它更常吃的也许是蜥蜴以及其他小型的哺乳动物，甚至是孵育中的其他恐龙。但也有人推测，嗜鸟龙可能会专找一些大型的恐龙进行围攻，或者以其他动物的腐尸为食。嗜鸟龙能快速追捕猎物，也能逃避那些因巢穴被掠而狂怒的大恐龙。

嗜鸟龙是白垩纪早期的小型食肉恐龙，身体可能还没有一只山羊大。没有证据显示它曾真的捕食过鸟类，也不知道当初为什么得了"嗜鸟"这个名称。

弯龙

弯龙是禽龙的近亲，它们生活在侏罗纪晚期，是一种植食性恐龙，弯龙体形庞大，前肢短，后肢长，可四足行走。由于弯龙的身体笨重，它可能行动迟缓，大部分时间都用四肢着地，吃长在低处的植物，但它也能用后腿直立起来去吃长在高处的植物或躲避天敌。

弯龙资料

恐龙名称：弯龙

恐龙体长：5～7米

恐龙身高：2米以上

恐龙体重：785～874千克

恐龙食物：植食

辨认要诀：拇指最后一节为马刺状的尖状结构

所属类群：角足亚目-弯龙科

生存年代：侏罗纪晚期

分布区域：北美洲、英国

外形

最大的成年弯龙会超过7.9米长，臀部达2米高，体重约1吨。平均身长为6米，平均体重为785～874千克。

弯龙的手部有5根指头，前3根有指爪。拇指最后一节是马刺状的尖状结构，与禽龙的笔直尖爪不同。从化石足迹显示，弯龙的手指间没有肉垫相连，数根腕骨互相固定，可强化手部结构以支撑重量。弯龙的第一趾爪较小，向后反转不触地。科学家参考其他禽龙类，推测弯龙的行走速度为每小时25千米。

生活习性

弯龙属很有可能是禽龙科及鸭嘴龙科祖先的近亲，与橡树龙、德林克龙、奥斯尼尔洛龙相比，弯龙的体积更大。弯龙有着紧密排列的牙齿，锯齿边缘有明显的棱脊。弯龙的牙齿化石在发现时有很明显的磨损，科学家推断这可能与它们经常啃食坚硬的食物有关系。

虽然弯龙的身体较重，但由化石足迹来判断，它们行走时不但可以两足行走，也能以四足行进。它们可能以其鹦鹉般的喙嘴来吃苏铁科植物。叶状牙齿位于嘴部后段，拥有骨质次生颚，只有这样，它们才能一边进食一边呼吸。它们有着十分灵活的颈部关节，这样能前后移动，上下颊齿便可产生研磨的动作。

橡树龙

橡树龙生存在侏罗纪晚期的美国中西部、英国等地，橡树龙科平均长3.5米，重100千克。

橡树龙资料

恐龙名称：橡树龙

恐龙体长：2.4～4.3米

恐龙身高：1.5米以上

恐龙体重：约100千克

恐龙食物：草食

辨认要诀：类似鸟喙的角质嘴巴

所属类群：角足亚目-橡树龙科

生存年代：侏罗纪晚期

分布区域：美国中西部、英国

外形

橡树龙前肢较短，有五根长指，拥有喙状嘴与颊齿，前上颌齿缺乏牙齿，可以以低矮植被为食；将食物置于颊部中。拥有长而有力的后腿，能用后肢迅速地奔跑，并用坚硬的尾巴保持平衡，橡树龙可能利用它们的速度来逃离肉食性恐龙；它的眼睛很大，前面有一根特殊的骨头以托起眼球和眼睛周围的皮肤。

橡树龙拥有长长的颈部、修长的后肢、坚挺的长尾巴。前肢短，每只手有5根手指，这是种原始特征。体长2.4～4.3米，臀部高度为1.5米，体重约100千克。因为目前还没有发现成年标本，因此不知道成年个体的身长。

生活习性

橡树龙是一种食草性恐龙，有可能是群居的。像鹿一样，它也是快跑能手，当遭受到任何一种残暴的食肉恐龙的威胁时，它都能用长长的后腿以最快的速度逃离。

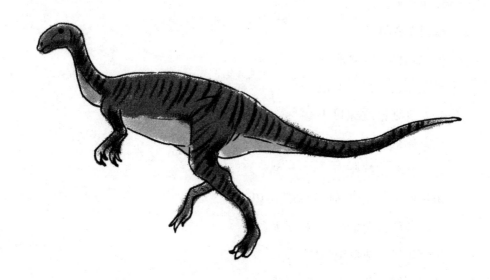

梁龙

梁龙，是梁龙科下的一属恐龙，它的骨骼化石首先由塞缪尔·温德尔·威利斯顿所发现。梁龙生活于侏罗纪末的北美洲西部，时代可追溯至1.5亿～1.47亿年前。个体最长可超过30米，体重约10吨。

梁龙资料

恐龙名称：梁龙

恐龙体长：约27米

恐龙身高：不详

恐龙体重：约10吨

恐龙食物：植食

所属类群：蜥臀目–蜥脚形亚目–梁龙科

生存年代：侏罗纪晚期

分布区域：美国

外形

梁龙是最容易辨认的恐龙之一，它有着巨大的体型，脖子长7.5米左右，尾巴最长达14米。梁龙脖子虽长，但由于颈骨数量少且韧，因此梁龙的脖子并不能像蛇颈龙一般自由弯曲。腕龙、雷龙、梁龙的鼻孔都是长在头顶上的。梁龙的脑袋纤细小巧，鼻孔长在头顶上。嘴的前部长着扁平的牙齿，嘴的侧面和后部则没有牙齿。

梁龙的前腿比后腿短，每只脚上有5根脚趾，其中的1根脚趾长着爪子。梁龙的四条腿像柱子一般，后腿比前肢稍长，所以它的臀部高于前肩。从其纤细、小巧的脑袋到其巨大无比的尾巴顶稍，梁龙的身体被一串相互连接的中轴骨骼支撑着，我们称其为脊椎骨。

它的脖子由15节脊椎骨组成，胸部和背部有10节，而细长的尾巴内竟有大约70节！尽管梁龙身体庞大，但它完全可以用脖子和尾巴的力量将自己从地面上支撑起来。梁龙能用它强有力的尾巴来鞭打敌人，迫使进攻者后退；或者用后腿站立，用尾巴支持部分体重，以便能用巨大的前肢来自卫。梁龙前肢内侧脚趾上有一个巨大而弯曲的爪，那可是它锋利的自卫武器。

生活习性

多年以来，梁龙都被认为是最长的恐龙。由于背部骨骼较轻，梁龙只有十几吨重，体重远不如迷惑龙和腕龙。它的牙齿只长在嘴的前部，而且很细小，这样它就只能吃些柔嫩多汁的植物。鞭子似的长尾巴可以帮助它抵御敌害，也可以赶走所到之处的其他小动物。小朋友可以想象一下，梁龙在吃食的时候尾巴在不断抽打的情形。

虽然梁龙体形很大，脑袋却非常小，所以它并不聪明。梁龙是植食动物。吃东西时，它不咀嚼，而是将树叶等食物直接吞下去。

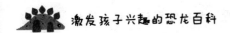

 地震龙

地震龙意为"使大地震动的蜥蜴"，是较大的植食性恐龙之一，生存于侏罗纪晚期。尾巴比脖子略长，小脑袋，有1根脚趾长着爪子。地震龙起初被认为是一个独立的属，但最近的研究显示地震龙可能是梁龙属的一个大型种，更有研究提出它们是长梁龙的一个标本。如同其他梁龙，地震龙生存于启莫里阶到提通阶，即1.54亿～1.44亿年前。地震龙是以部分骨骸来命名，这些骨骸于1979年在新墨西哥州发现，包含脊椎、骨盆以及肋骨。原本被假设是胃石的石头，似乎是经过河流冲积的卵石。地震龙是在1991年被正式叙述、命名，属于梁龙科。

地震龙资料

恐龙名称：地震龙

恐龙体长：约35米

恐龙身高：约18米

恐龙体重：31~40吨

恐龙食物：植食

所属类群：蜥臀目-蜥脚形亚目-梁龙科-梁龙属

生存年代：侏罗纪晚期

分布区域：美国

外形

地震龙的长度至少有35米，甚至可达到40米，地震龙长着长脖子，小脑袋，以及一条细长的尾巴。它的鼻孔长在头顶上，头和嘴都很小，嘴的前部有扁平的圆形牙齿，后部没有牙齿。地震龙的前腿比后腿短些。每只脚有5根脚趾，其中的1根脚趾长着爪子。地震龙用四只脚走路，走得很慢。

生活习性

地震龙是恐龙世界中的体长冠军。如同其他梁龙科恐龙，地震龙的鼻孔位于口鼻部前端，但头颅骨上的鼻管孔位于头部顶部，地震龙的前肢稍短于后肢。以植物为食。

第04章
恐龙的极盛时代：追寻白垩纪时代的恐龙

孩子们，距今大约1.42亿年到6550万年被称为白垩纪时代，这是中生代的最后一个纪，此时，很多恐龙都灭绝了，但也有一批新的恐龙开始进化，并达到了繁盛时期。接下来我们一起看看本章中关于这些恐龙的小知识吧。

什么是白垩纪时代

　　白垩纪是一个地质时代，位于侏罗纪和古近纪之间，1.455亿（误差值为400万年）至6550万年前（误差值为30万年）。白垩纪是中生代的最后一个纪，长达8000万年，是显生宙最长的一个阶段。发生在白垩纪末的灭绝事件，是中生代与新生代的分界。白垩纪的缩写记为K，是德文白垩纪（Kreidezeit）的缩写。

　　在白垩纪，盘古大陆完全分裂成现在的各大陆，但是它们和现在的位置并不相同。大西洋还在变宽。北美洲自侏罗纪开始，形成多排平行的造山幕，例如内华达造山运动、塞维尔造山运动、拉拉米造山运动。

　　中生代许多盛行和占优势的门类，如裸子植物、爬行动物、菊石和箭石等，后期相继衰落或绝灭，新兴的被子植物、鸟类、哺乳动物及腹足类、双壳类等有所发展，预示着新的生物演化阶段新生代的来临。脊椎动物中的爬行类从晚侏罗纪至早白垩纪达到极盛，代表有暴龙、翼龙、青岛龙等，随后走向衰落。白垩纪末，恐龙、菊石和其他生物类群大量绝灭。引起这次生物大规模绝灭的原因有许多争论。有人认为是宇宙中的一颗巨大流星体撞击地球所致，其依据是在白垩纪和第三纪界线上黏土岩中铱元素含量异常高。

　　具体来说，在白垩纪时代，地球上有这样一些生态特征：

植物

　　白垩纪早期，以裸子植物为主的植物群落仍然繁茂，而被子植物的出现则是植物进化史中的又一次重要事件。白垩纪早期有了可靠的被子植物，到白垩纪晚期被子植物迅速兴盛，代替了裸子植物的优势地位，形成延续至今的被子植物群，诸如木兰、柳、枫、白杨、桦、棕榈等，遍布地表。

陆栖动物

动物界里，哺乳动物占比还是比较小，只是陆地动物的一小部分。陆地的优势动物仍是主龙类爬行动物，尤其是恐龙，它们较之前一个时期更为多样化。这一时期最著名的恐龙是霸王龙，它是陆地上出现过的最大的食肉动物。翼龙目繁盛于白垩纪中到晚期，但它们逐渐面对鸟类辐射适应的竞争。在白垩纪末期，翼龙目仅存两个科左右。鸟类是脊椎动物向空中发展取得最大成功的类群。白垩纪早期鸟类开始分化，并且飞行能力及树栖能力比始祖鸟大大提高。我国古生物学家发现的著名的"孔子鸟"就是早白垩纪鸟类的代表。

白垩纪末，地球上的生物经历了又一次重大的灭绝事件：在地表居统治地位的爬行动物大量消失，恐龙完全灭绝；一半以上的植物和其他陆生动物也同时消失。究竟是什么原因导致恐龙和大批生物突然灭绝？这个问题始终是地质历史中的一个难解之谜。普遍被大家接受的观点是陨石撞击说。引人注目的是，哺乳动物是这次灭绝事件的最大受益者，它们度过了这场危机，并在随后的新生代占领了由恐龙等爬行动物退出的生态环境，迅速进化发展为地球上新的统治者。

昆虫在这个时期开始多样化，出现最古老的蚂蚁、白蚁、鳞翅目（蝴蝶与蛾），芽虫、草蜢、瘿蜂也开始出现。

海生动物

海洋里，我们认识的鳐鱼、鲨鱼和其他硬骨鱼也变得常见了。海生爬行动物则包含生存于早至中期的鱼龙类、早至晚期的蛇颈龙类、白垩纪晚期的沧龙类等。当时海洋中巨大凶猛的爬行动物并不亚于霸王龙，其中混龙类的上龙和海生蜥蜴类的沧龙身长可超过15米，比我们认识的逆戟鲸和大白鲨都大。

白垩纪海洋中造礁的厚壳蛤达到极盛，一度取代珊瑚成为主要的造礁生物，使现代类型的珊瑚礁中断了将近7000万年。到大约6700万年前白垩纪结束时，这些海洋和陆地上的动物大量灭绝，只有少量残存。杆菊石具有笔直的甲壳，属于菊石亚纲，与造礁生物厚壳蛤同为海洋的繁盛动物。

黄昏鸟目是群无法飞行的原始鸟类，可以在水中游泳，如同现代鹏鹕。有孔虫门的球截虫科与棘皮动物（例如海胆、海星）继续存活。在白垩纪，海洋中的最早硅藻（应为硅质硅藻，而非钙质硅藻）出现；生存于淡水的硅藻直到中新世才出现。对于造成生物侵蚀的海洋物种，白垩纪是这些物种的演化重要阶段。

🦕 中华龙鸟

中华龙鸟生存于距今约1.4亿年的早白垩纪。1996年，在中国辽西热河生物群中发现它的化石。一开始古生物学家以为它是一种原始鸟类，定名为"中华龙鸟"，后经科学家证实为一种小型食肉恐龙。

中华龙鸟资料

恐龙名称：中华龙鸟

恐龙体长：1米

恐龙身高：不详

恐龙体重：不详

恐龙食物：肉食

所属类群：蜥臀目–兽脚亚目–美颌龙科

生存年代：白垩纪早期

分布区域：中国

外形

经科学家证实，中华龙鸟为一种小型食肉恐龙。它最初的骨架大小有1米左右，前肢粗短，爪钩锐利，利于捕食，后腿较长，适宜奔跑，全身还披覆着一层原始绒毛。其牙齿内侧有明显的锯齿状构造，头部方骨还未愈合，有4节颈椎和13节脊椎，尾巴几乎是躯干长度的两倍半，属于兽脚亚目。

生活习性

中华龙鸟是小型恐龙，虽然它们体形小、四肢短，但是它们有尖锐的爪

子和善于奔跑的后腿，所以它们的捕食能力很强。另外，虽然它们的名字有
"鸟"字，但它们并不是鸟，而是和之前我们介绍的其他恐龙一样，是在陆
地上生活和繁衍后代的，并且它还不会飞翔，只能捕食一些陆地上的小型动
物，例如小蜥蜴，就是它最爱的美食。

雷利诺龙

雷利诺龙是种小型鸟脚下目恐龙，身长60～90厘米，体重约10千克，生存于早白垩纪，首次发现于澳大利亚恐龙湾。雷利诺龙生存在极度低温的环境中，许多科学家据此推测雷利诺龙是种温血动物。

雷利诺龙资料

恐龙名称：雷利诺龙

恐龙体长：60～90厘米

恐龙身高：不详

恐龙体重：10千克

恐龙食物：植食

所属类群：鸟臀目

生存年代：白垩纪早期

分布区域：澳大利亚

外形

雷利诺龙一般身长60～90厘米，体重大约有10千克，它们的面部较短，嘴呈喙状，下颌骨有12颗牙齿，少于一般棱齿龙类的14颗。前肢短小纤细，但是指端长有5指，有点像人类的手掌，可以非常灵活地取食蕨类和其他植物。它们有着十分发达的下肢，以此来支撑整个身体的重量，大腿肌肉结实有力，可以让它们快速奔跑，从而逃开一些肉食动物的追捕。

生活习性

雷利诺龙并非在树林里生活，所以唯一的选择就是在地面上筑巢。在地面上筑巢生蛋有许多方式：可能只是简单地掩埋在土里，或是放在没有遮蔽的巢里，或是藏在其他动物的巢中。虽然对雷利诺龙来说都有可能，但是由于成堆的落叶在林地容易获取，所以它们经常选择将蛋埋在落叶堆中。和堆肥一样，腐坏的落叶堆中心温度较高，在寒冷的气候中可以为蛋提供温暖。

雷利诺龙会照料幼龙，因而能增加幼龙在艰难环境下生存的机会。这同时符合了我们对其为群居动物的假设。

在实际推测中，雷利诺龙会被迫抵御从它的巢里偷蛋的哺乳类动物。澳洲出土的化石资料显示，该环境中到处都是哺乳类动物的痕迹（曾找到牙齿和下颚）。当时很有可能如现在一般，有许多擅长偷蛋的动物。不过前面的哺乳类并非有所特指。我们根据另一种陆巢动物"营冢鸟"的行为，假设雷利诺龙防御敌人的方式，就是将筑巢的材料向入侵者乱丢。

🦕 重爪龙

重爪龙，原意属名为"坚实的利爪"，沃克氏重爪龙的爪子比较其躯体而言真是庞大。重爪龙属于食肉的兽脚类恐龙，以前肢有大的爪而得名。重爪龙发现于英国南部，与其他食肉恐龙有很大差别，除了前肢有大的爪而不像其他大型兽脚类恐龙那样前肢非常退化外，嘴和牙齿也类似于鳄鱼而不似其他大型兽脚类恐龙，可能也是像鳄鱼一样以鱼为食。沃克氏重爪龙的牙齿和上、下颚与鳄类极为相似，很有可能也生活在水边，或者潜入浅水中，用它可怕的利爪来捕食鱼，像是大型灰熊一般。

重爪龙资料

恐龙名称：重爪龙

恐龙体长：8～10米

恐龙身高：3.35米

恐龙体重：2～4吨

恐龙食物：肉食

所属类群：蜥臀目-棘龙科-重爪龙亚科

生存年代：白垩纪早期

分布区域：英国

外形

重爪龙约有10米长，3.35米高，体重2～4吨。骨骼研究显示最完整的标本并非完全长成，所以重爪龙成年后的数据为推测所得。重爪龙正模的每只手掌的拇指上有大爪，经量度为32厘米，但成年个体估计会达到38厘米。它的长颈部并没有像其他兽脚亚目般呈强烈S形状。头颅骨被设置成锐角，并不像其他恐龙一般是直角。

重爪龙的长颚骨就像鳄鱼的一样，有着96颗牙齿，较它的近亲多出一倍。下颚骨上有64颗牙齿，而上颚骨有32颗较大的牙齿。鼻端可能有一小型的冠状物。上颚骨在近鼻端下侧有一转折区间，就像鳄鱼用作阻止猎物逃脱的构造，而鲨鱼也有这一特征。鼻孔位于上颚的较后方。重爪龙那像鳄鱼的颚骨及大量锯齿状的牙齿，令科学家认为它是吃鱼的。

生活习性

重爪龙属于肉食性恐龙，古生物学家在英格兰多尔金南部的一个黏土坑及西班牙北部发现了重爪龙的化石，且是一头幼龙的大部分骨骼。随后，西班牙也发现了一些重爪龙的大部分头颅骨和一些足迹化石，尼日尔发现的只有指爪化石。

古生物学家认为，重爪龙很可能以鱼为食，因为在其胸膛发现了大型鳞齿鱼的鳞片化石，它们长而低矮的口鼻部、狭窄的颚部、锯齿状的牙齿以及像钩子般的爪，适合捕食鱼类，我们可以幻想它们坐在河岸上休息且用它那强壮的颚骨捕鱼的样子，这样的捕食方式与现在的灰熊如出一辙，它那长及向下倾斜的头部支持了这个说法。在发现似鳄龙前，重爪龙一直都是被认为是唯一的吃鱼的恐龙。另外，一只年轻禽龙的骨头亦与重爪龙的骨骼一同被发现。尽管现在还没有确切的证据能证明这一点，但现有化石痕迹表明，禽龙并非重爪龙的食物。

恐爪龙

恐爪龙是驰龙科恐龙的一属，身长约3.4米，生活于白垩纪的阿普第阶中期至阿尔布阶早期，距今1.15亿～1.08亿年前。因为它的后肢第二趾上有非常大的呈镰刀状的趾爪，在行走时第二趾可能会缩起，仅使用第三、第四趾行走。一般认为恐爪龙会用其镰刀爪来割伤猎物，但近年就恐爪龙重建模型的测试显示，这爪主要作刺戳之用，而非割划。

恐爪龙资料

恐龙名称：恐爪龙

恐龙体长：3米

恐龙身高：1米以上

恐龙体重：25千克

恐龙食物：肉食

所属类群：蜥臀目-兽脚亚目-驰龙科-伶盗龙亚科

生存年代：白垩纪早期

分布区域：美国

外形

恐爪龙体重最高有25千克，身长约3.4米，头颅骨可达41厘米，臀部高度为0.87米，它的头颅骨有强壮的颌部，有约60根弯曲、刀刃形的牙齿。

奥斯特伦姆最初将恐爪龙的不完全颅骨，重建成三角形、宽广的头部，类似异特龙。

后来，他发现了更多、更完整的恐爪龙与其近亲的化石后，修正其模型发现，恐爪龙的上腭部较呈拱形，口鼻部较狭窄，颧骨宽广，这样，它的头部看起来就更为立体了。

恐爪龙颅骨头顶较坚固，类似驰龙。头颅骨及下颌都有洞孔，可减轻头部重量，而恐爪龙的眶前孔特别大。按头颅骨来推算，眼睛主要是向两侧的。

与其他的驰龙科恐龙一样，恐爪龙有大型手掌与3根手指。最长的是第二指，最短的是第一指，每只后肢的第二趾都有镰刀状的趾爪，长度约13厘米，有可能用作捕猎动物。它可以先向前戳刺，然后向下割来撕破猎物。相对于恐爪龙的体形，这些趾爪相当地大。恐爪龙的身体是靠尾椎及人字骨，在高速转向时维持平衡。

生活习性

地质学证据显示恐爪龙栖息于泛滥平原或沼泽。

恐爪龙之所以有这样的名称，是因为它们拥有"恐怖的爪子"，在它的后肢第二趾上有非常大、呈镰刀状的趾爪，在它们行走时第二趾很可能会缩起，参与行动的就只有第三、第四趾，锋利的镰刀爪能轻易地戳透猎物的皮肉，再加上它性格凶残、行动敏捷，它成了白垩纪早期最活跃的掠食者。

然而，它们也有一些劣势，比如体形小、势单力薄，因此，它们也和现在的狼一样，常常是成群结队生活在一起的，一旦发现猎物，它们常常采取偷袭的方式，从背后攻击猎物，然后将对方击倒后再群攻，进而分食。

禽龙

禽龙，意为"鬣蜥的牙齿"，属于蜥形纲鸟臀目鸟脚下目的禽龙类。禽龙是种大型鸟脚类恐龙，主要生存于白垩纪早期的凡蓝今阶到巴列姆阶，1.4亿～1.2亿年前。生存时代大约位于行动敏捷的棱齿龙类首次出现，演化至鸟脚下目中最繁盛的鸭嘴龙类，这段过程的中间位置。

禽龙资料

恐龙名称：禽龙

恐龙体长：9～10米

恐龙身高：4～5米

恐龙体重：不详

恐龙食物：草食

所属类群：鸟臀目–角足亚目–禽龙科

生存年代：白垩纪早期

分布区域：欧洲、非洲、亚洲东部

外形

禽龙是一种大型草食性动物，身长9～10米，高4～5米，前手拇指有一尖爪，可能用来抵抗掠食动物，或是协助进食。

禽龙的手臂长（贝尼萨尔禽龙的前肢大约是后肢的75%长度）而粗壮，而手部相当不易弯曲，所以中间3根手指可以承受重量。禽龙的拇指是圆锥尖状，与中间3根主要的指骨垂直。在早期重建图里，尖状拇指被放置在禽龙的鼻子上。稍晚的化石则透露出拇指尖爪的正确位置，但它们的真实作用仍处于争论中。它们可能用于防御、或者搜索食物。小指修长、敏捷，可能用来操作物体。后腿强壮，但并非用来奔跑，每个脚掌有3根脚趾。骨干与尾巴由骨化肌腱支撑、坚挺（这些棒状骨头经常在模型或绘画中省略）。禽龙与较晚期的近亲鸭嘴龙类，在身体结构上相异不大。

生活习性

禽龙以树蕨为食。禽龙最先被注意到的特征之一，是它们具有草食性爬行动物的牙齿，但科学家对于它们如何进食，则没有达成共识，较大的一种可能是以离地面4.5米以内的树叶为食，如贝尼萨尔禽龙。

化石研究

禽龙化石见于早侏罗纪和晚白垩纪的欧洲、北非、亚洲东部广大地区。身长10米多，头部离地面4米。这种两足行走的动物的后肢很发达，长而粗的尾起到平衡作用。前肢也较发达，朝上生长硬如尖钉的拇指与掌的其余部分成直角。牙有锯齿状刃口。该属是最早被发现和研究的恐龙，已找到许多完整个体的化石，有些化石成群被发现，表明它们曾成群行走。有人提出它具有部分水生动物的习性，当受到威胁时，会进入河或湖中避难。

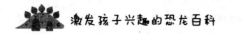

慢龙

　　一直以来，古生物学家都认为慢龙是一种兽脚类恐龙。但随着研究的不断深入，他们却对这种恐龙感到越来越疑惑，尤其是慢龙骨盆的出现，更让他们对慢龙的分类产生了疑问。慢龙骨盆上的髂骨（肠骨）很低平，前方的骨突发育良好并向外伸出，耻骨呈直线型，外缘很厚并斜向后方与坐骨挨在一起，这些特征与鸟臀目恐龙相同，而大部分蜥臀目恐龙的耻骨都是斜向前方或向下的。

慢龙资料

恐龙名称：慢龙

恐龙体长：6～7米

恐龙身高：不详

恐龙体重：1.5吨

恐龙食物：不详，可能是植食

所属类群：蜥臀目–慢龙类

生存年代：白垩纪早期

分布区域：蒙古

外形

　　慢龙是一种非常奇特的两足行走的恐龙，目前被归入蜥脚类，但它同时具有兽脚类、原蜥脚类和鸟臀类的特征！它的体长6～7米，与现今最大的鳄鱼差不多。慢龙头部小而窄，下颌单薄，吻端是无齿的喙，口中生有类似原蜥脚类的尖锐颊牙，两颊有肉质颊囊。前肢较短，手有3趾，趾端是弯钩状大爪；后肢较长，足部可能长有蹼，4趾具爪。不过，慢龙的下颌显得无力，捕食滑溜溜的水中动物可能不是易事。还有一种观点认为慢龙吃植物，无齿的喙、具脊牙齿、两颊具颊囊，说明它可以很有效地啮食叶子并切成碎片，而且它趾骨向后的特征，使它腹部有更大的空间，可以容纳消化植物所需的很长的肠子。如果第3种观点正确，那么慢龙应该是一种极为特殊的吃植物的兽脚类。而且慢龙大腿比小腿长，足部短宽，不能像其他兽脚类那样快速奔跑和捕食活的动物，只能轻快地行走，至多慢跑，它多是懒洋洋地缓慢踱步，因此得名。

生活习性

关于慢龙的生活方式，学术界一直争论不休。

一种观点认为，慢龙以蚁为食，它有力的前肢和长长的爪子可以轻易地挖开蚁巢取食，类似于现今南美的大食蚁兽；另一种观点认为，慢龙在水中捕食，因为曾在慢龙化石附近发现一串具蹼的4趾脚印，人们认为这可能是慢龙留下的，若慢龙脚具蹼说明它会游泳。

慢龙是一种两足行走的恐龙，身体比一辆小轿车略长些。它的头就身体来说显得颇小。慢龙上肢短小，生有3根手指，指尖上有利爪。专家们还不能确定，慢龙到底以什么为食。同其他两足行走的肉食恐龙一样，它颌后部生有能切割食物的利齿，但颌前部却是一个无牙的喙嘴，这又与某些草食动物特征相同。慢龙的腿也与普通食肉动物不同。它两腿粗短矮壮，脚板宽厚，生有四趾。有些专家认为，慢龙的脚可能是蹼足。1979年，给慢龙命名的科学家猜测，慢龙在水中或涉或游，用爪或无齿的喙捕捉鱼吃。但这点尚无定论，慢龙仍有可能只是个食草龙，可能它的喙仅用来咬撕树叶。

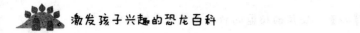
帝龙

帝龙是一种小型、具有羽毛的暴龙超科恐龙，化石从中国辽宁省北票市的义县组陆家屯发现，年代为白垩纪晚期，约为1.3亿年前。

帝龙资料

恐龙名称：帝龙

恐龙体长：1.6米

恐龙身高：不详

恐龙体重：不详

恐龙食物：肉食

所属类群：蜥臀目–兽脚亚目

生存年代：白垩纪早期

分布区域：中国

外形

帝龙是最早、最原始的暴龙超科之一，帝龙身长约1.6米长，发现的化石被认为是个幼年个体，成年个体身长可能有2米，帝龙有着简易的原始羽毛。羽毛痕迹可在帝龙的下颌及尾巴看到。这些羽毛并不类似现今的鸟类羽毛，缺少了中央的羽轴，主要用作保暖而不是飞行。

化石研究

帝龙的化石保存得极好，头骨基本是完整的，这是极为难得的，因为恐龙的头骨骨骼相当薄，难以完整的保存。古生物学家在帝龙的下颌和尾巴尖端周边还发现了纤维构造物，其尾骨化石上的羽毛长约2厘米，并且向30度至40度的方向展开，研究人员推测它可能长有羽毛，这些羽毛起着保温的作用。

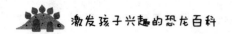 **阿根廷龙**

阿根廷龙属于蜥脚类恐龙的泰坦龙类，它的命名十分简单，意思是在阿根廷发现的恐龙。生存于1亿年前白垩纪中期阿尔布阶到9300万年前白垩纪晚期森诺曼阶，是目前发现的最大的陆地恐龙之一。

阿根廷龙资料

恐龙名称：阿根廷龙

恐龙体长：42米

恐龙身高：12米

恐龙体重：约88吨

恐龙食物：植食

所属类群：蜥臀目–蜥脚型亚目–南极龙科–泰坦龙族–阿根廷龙属

生存年代：白垩纪中期

分布区域：阿根廷

外形

阿根廷龙是曾经漫步在大地上的最大型动物之一，身高12米，身长42米。在迄今为止所有恐龙里，只有易碎双腔龙比它长。有一些恐龙跟阿根廷龙一样长，也有的身高比它高，但阿根廷龙还是要比其他的恐龙都重得多，它有可能重达94吨，相当于20头大象的总重量。然而就算是阿根廷龙这么庞大的动物，也未必能逃过捕食者的攻击。

生活习性

阿根廷龙是一种巨型植食恐龙，所以，人们一度认为它们是没有敌人的，它们完全可以借助庞大的躯体吓退那些敌人。但直到1995年，英国古生物学家在一块较小的同类恐龙颈骨化石上发现了明显的牙齿咬痕，随后，古生物学家在周围发现了一具巨大的玫瑰马普龙的骨架，这是一种体形接近暴龙的掠食者。但面对阿根廷龙这样的巨型猎物，马普龙也会感到很有压力。所以科学家们推测马普龙极有可能像侏罗纪时期的异特龙一样，采用集体围攻的方法进攻一只年老或体弱的阿根廷龙。但总的来说，相比其他体形较小的当地恐龙，如禽龙和萨尔塔龙，阿根廷龙还是可以高枕无忧的。

霸王龙

霸王龙也叫暴龙，生存于白垩纪末期的马斯特里赫特期，距今6800万～6500万年的白垩纪最末期，是白垩纪—第三纪灭绝事件前最后的恐龙种类之一。化石分布于北美洲的美国与加拿大，是最晚灭绝的恐龙之一。

霸王龙的属名在古希腊文中意为"残暴的蜥蜴王"，种名在拉丁文中意为"国王"。有些科学家认为亚洲的勇士特暴龙是暴龙超科的第一个有效种，而其他科学家则认为特暴龙是独立的属。除此之外，还有许多暴龙科的种已被提出，但它们多被认为是霸王龙的异名，或被分类于其他属。一支古生物学家团队确认，于1991年在加拿大西部发现的霸王龙化石，是迄今全球发现的最大暴龙。加拿大阿尔伯塔大学团队表示，这只取名为"斯科蒂"的暴龙身长13米，体重很可能在8800千克以上，超越过去所发现的所有肉食性恐龙。

霸王龙资料

恐龙名称：霸王龙

恐龙体长：11.5～14.7米

恐龙身高：5米以上

恐龙体重：8～14.85吨

恐龙食物：肉食

所属类群：蜥臀目–兽脚亚目–暴龙科

生存年代：白垩纪晚期

分布区域：美国、加拿大

外形

霸王龙属暴龙科中体形最大的一种。体长11.5～14.7米。平均臀部高度约4米，臀高最高可达到5.2米左右，头高最高近6米，头部长度最大约1.55米。平均体重约9吨，最重可达14.85吨。咬合力一般9万～12万牛顿，嘴巴末端最大可达20万牛顿，同时也是体形最为粗壮的食肉恐龙。

生活习性

霸王龙位于白垩纪晚期的食物链顶端，当时北美洲的各种恐龙基本上都可以成为它的捕猎对象，有时它们也会攻击像阿拉莫龙这样的长颈食草恐龙。肿头龙由于体形较小一般不在霸王龙的食谱里。甲龙很少被霸王龙捕食。当时分布在北美的其他一些肉食恐龙，如矮暴龙等可能与霸王龙产生一些竞争，但却远不是霸王龙的对手。

伶盗龙

伶盗龙，又译迅猛龙、速龙，在拉丁文意为"敏捷的盗贼"，是一种蜥臀目兽脚亚目驰龙科恐龙，生活于8300万～7000万年前的晚白垩纪。伶盗龙的模式种为蒙古伶盗龙，也是目前唯一确定的已知种。

伶盗龙由著名古生物学家奥斯本于1924年在蒙古发现，这是第一种亚洲驰龙类。其他驰龙类皆在北美洲发现。

2019年11月26日，中外科学家团队宣布，在河北发现一个美颌龙类新物种。中国地质大学（北京）副教授邢立达介绍，发现的是只体长约30厘米，腿脚和尾巴都很纤细的小恐龙。但它动作非常迅猛，可捕捉非常小的飞虫或蜥蜴，再敏捷的动物也很难摆脱其杀戮，因此被命名为"迅猛龙"。它也是亚洲美颌龙类中最早出现的，也是该类群中体形最小的物种。

伶盗龙资料

恐龙名称：伶盗龙

恐龙体长：2.07米

恐龙身高：1.1米

恐龙体重：约15千克

恐龙食物：肉食

所属类群：蜥臀目-兽脚亚目-驰龙科-伶盗龙亚科

生存年代：白垩纪晚期

分布区域：蒙古、北美洲

外形

伶盗龙是一种中型驰龙类，成年个体身长估计约2.07米，臀部高约0.5米，体重推测约15千克。与其他驰龙类相比，伶盗龙具有相当长的头颅骨，长达25厘米。口鼻部向上翘起，使上侧有凹面，下侧有凸面。它们的嘴部有26～28颗牙齿，牙齿间隔宽，牙齿后侧有明显锯齿边缘，这些特征证明它们可以捕食行动迅速的猎物。它们的大脑较大，脑重/体重比在恐龙中相当大，说明它们是一种非常聪明的恐龙。

生活习性

伶盗龙可能在某种程度上是温血动物，因为它们猎食时必须消耗大量的能量。伶盗龙的身体覆盖着羽毛，而在现代的动物中，具有羽毛或毛皮的动物通常是温血动物，它们身上的羽毛或毛皮可以用来隔离热量。将驰龙科与某些早期鸟类的骨头生长速率与现代的哺乳类与鸟类相比，显示它们具有较为适中的代谢率。新西兰的奇异鸟在生理、羽毛形态、骨头结构、甚至于狭窄的鼻部结构，都与驰龙科类似，而鼻部结构经常是新陈代谢的关键指标。

　　总的来说，奇异鸟是种高度活跃、无法飞行的鸟类，并具有稳定的体温以及相当低的代谢率，这使奇异鸟成为原始鸟类与驰龙科的代谢参考模型。

镰刀龙

镰刀龙是一种行动缓慢的大型兽脚类恐龙，其利爪状如镰刀，非常奇特。古生物学家认为，镰刀龙是肉食性恐龙中一种特化的类群，其祖先为小型腔骨龙类，与暴龙相同。它以植物、水果和昆虫为食，它所具有的一系列异化特征可能都是趋同演化的结果。镰刀龙主要分布在今东亚和北美洲，大多数种类生存于白垩纪晚期，不过文献显示在侏罗纪早期的岩层中也曾发现过镰刀龙类群的化石。

镰刀龙资料

恐龙名称：镰刀龙

恐龙体长：10米

恐龙身高：约6米

恐龙体重：6.5吨

恐龙食物：植食

所属类群：蜥臀目–兽脚亚目–镰刀龙科

生存年代：白垩纪晚期

分布区域：蒙古

外形

镰刀龙类的特点之一就是手上的巨大指爪，镰刀龙的指爪有的甚至可达1米，算上指爪整个前肢超过3米。

镰刀龙类的颈部长，腹部宽以及四个大脚趾的脚部和吃植物的特征，类似原蜥脚类的恐龙，但它的臀部的坐骨往后。

另外，镰刀龙还长了类似植食性动物的头，以及像大象一样臃肿而肥大的肚子，和慢龙有些类似的又短又宽的脚掌，将这些特征综合起来，镰刀龙真可谓是恐龙世界中的"四不像"了。

生活习性

镰刀龙类的食物一般认为是植物，因为镰刀龙类的牙齿不像其他的肉食性兽脚类恐龙一样锋利，而镰刀龙类不寻常的前肢移动范围和大幅弯曲的指爪可用来抓取并切碎树枝，类似哺乳动物中的大地懒类和爪兽类。不过以前还有两种看法，1979年A.皮尔勒博士在镰刀龙类的慢龙化石附近发现一串具蹼的4趾脚印化石，因此有人推测镰刀龙类可能是水生动物，并且可能以鱼类为食；另一些人认为镰刀龙类类似于现今南美的大食蚁兽，可能用巨大的前肢挖掘蚁巢并以蚂蚁为食。

窃蛋龙

窃蛋龙，是种小型兽脚亚目恐龙，生存于白垩纪晚期，身长1.8～2.5米。大小如鸵鸟，长有尖爪、长尾，推测其运动能力很强，行动敏捷，可以像袋鼠一样用坚韧的尾巴保持身体的平衡，跑起来速度很快。

2015年9月，中国洛阳发掘出世界上最小的窃蛋龙化石，身长仅60厘米。

窃蛋龙资料

恐龙名称：窃蛋龙

恐龙体长：1.8～2.5米

恐龙身高：3米

恐龙体重：33千克

恐龙食物：杂食

所属类群：蜥臀目–兽脚亚目–偷蛋龙科

生存年代：白垩纪晚期

分布区域：蒙古、中国

窃蛋龙"恶名"的由来

窃蛋龙是群体生活在一起的，成年的窃蛋龙把卵产在用泥土筑成的圆锥形的巢穴中。巢穴中心深1米，直径2米，每个巢穴相距7～9米远，它们的个子比较小，有时它们用植物的叶子覆盖在巢穴上，利用植物在腐烂过程中产生的热量，进行自然孵化。

"在距今8000万年前，一只2米长的恐龙，正在偷偷地靠近一恐龙蛋时灾难降临了……"，这就是1923年俄罗斯的古生物学家德鲁斯在蒙古大戈壁上发现的一幕。发现时，这只恐龙骨架正趴在一窝原角龙的蛋上。当时的科学家认为它正在偷别的恐龙的蛋。于是科学家给它起了很不好听的名字，叫"窃蛋龙"。

一直到20世纪90年代，窃蛋龙的冤案才被洗清。其实窃蛋龙所趴的蛋是属于窃蛋龙自己的，它不是在偷蛋，而是在孵蛋。但因国际动物命名法规，动物的名字是不能更改的，就这样窃蛋龙就一直背着这个"黑称"到如今。

生活习性

生活在蒙古的窃蛋龙除了食用有限的植物果实以外，也会利用它喙部十分坚硬的骨质尖角去找寻其他食物，因为它能够很容易地刺穿软体动物的外壳，所以古生物学家推测它可能是一种杂食性的恐龙，或许它真的会啄开其他恐龙的蛋去吸食其中的蛋液。如果它一旦被体格强壮但速度较慢的恐龙发现了的话，那么它唯一能选择的方法就是飞速逃离。此外，窃蛋龙喜欢群体生活在一起，而且自己进行孵化抚育活动。

似鸵龙

似鸵龙是种类似鸵鸟的长腿恐龙，属于兽脚亚目似鸟龙下目，它们生存于晚白垩纪的加拿大亚伯达省，7600万～7000万年前。

似鸵龙资料

恐龙名称：似鸵龙

恐龙体长：约4米

恐龙身高：约2米

恐龙体重：不详

恐龙食物：杂食

所属类群：蜥臀目-兽脚亚目-似鸟龙科-似驼龙属

生存年代：白垩纪晚期

分布区域：加拿大、美国

外形

似鸵龙身高2米左右，和现在的鸵鸟差不多，体长4米左右，整个身体很轻盈，头较长，眼睛和鸟的一样，颈部纤细灵活，牙齿已经退化，取代牙齿长了角质喙，它们的四肢修长，前肢上有了爪子，后肢的小腿骨比大腿骨长，3根脚趾着地，长有一条长尾巴，而当它们急速转弯的时候，这条长尾巴就成了它们保持平衡的舵。

生活习性

似鸵龙的大腿肌肉发达，善于奔跑，据推测，它们的奔跑速度每小时可达70千米，这样的奔跑速度恐怕在恐龙界是高手了，不过它们有这样的奔跑速度也是为了生存，因为它们没有盔甲，没有角，更没有可以保护自己的利齿，遇到危险的时候，只能"三十六计，走为上计"了。

　　似鸵龙喜欢过小群体的生活，它们常生活在低洼的平原上，它们的眼睛很大，而且视野开阔，方便及时发现敌情。它们也不挑食，无论是小型哺乳动物，还是两栖动物，甚至是一些浆果、坚果或者种子，它们都很喜欢吃。虽然它们的牙齿已经退化，但是它们像鸟喙一样的嘴很尖利，如果它们获取到的食物有坚硬的外壳，它们甚至能用嘴将这些坚硬的果壳去皮后再吃。

似鸟龙

似鸟龙的头部厚实且短小，脖子长且灵活，和现在的鸟类极为相似，鸟类很有可能是它们进化而来的。

似鸟龙资料

恐龙名称：似鸟龙

恐龙体长：约3.5米

恐龙身高：不详

恐龙体重：不详

恐龙食物：不详

所属类群：蜥臀目-兽脚亚目-似鸟龙科

生存年代：白垩纪晚期

分布区域：加拿大、美国

外形

似鸟龙与似驼龙类似，有一双灵活的大眼睛，因此，它们的视野很开阔，能将周遭的情况尽收眼底，一旦出现了敌人，它们能迅速发现且立即逃离。最好的防御策略就是迅速逃逸！它有很轻的骨头和像舵一样的尾巴。似鸟龙的前肢不像其他恐龙那样长着尖利的爪子，而后肢比前肢长得多，所以它们善于奔跑、行动敏捷。

生活习性

似鸟龙因为长相十分像鸟，一些生物学家推测它可能会像鸟一样用喙取食昆虫或植物，但似鸟龙到底是植食性还是肉食性，甚至是既吃植物又吃昆虫的杂食性，到现在学术界也没有给出明确的定论。不过就是因为它们有着像鸟类似的带有羽毛的翅膀，所以专家推测，为了能捕获食物，它们很有可能进行短距离的飞翔。

🦕 鸭嘴龙

鸭嘴龙为一类较大型的鸟臀类恐龙，最大的身长超过15米，是白垩纪后期鸟脚亚目草食性恐龙家族的其中一员。而2008年甚至发现了身长超过22米的鸭嘴龙。

鸭嘴龙生存于1亿年前的白垩纪晚期，这时正是恐龙发展的顶峰时期，所以它们的数量很多，在植食性恐龙中约占75%。鸭嘴龙的吻部由于前上颌骨和前齿骨的延伸和横向扩展，构成了宽阔的鸭嘴状吻端，故名。

鸭嘴龙资料

恐龙名称：鸭嘴龙

恐龙体长：约10米

恐龙身高：约5米

恐龙体重：4吨

恐龙食物：植食

所属类群：鸟臀目–鸟脚亚目–鸭嘴龙科

生存年代：白垩纪晚期

分布区域：北美洲

外形

鸭嘴龙的腿部有三根趾头，后腿长而有力，前腿则较小且无力。鸭嘴龙许多种类的最大特征就是头上密布的冠饰。所有鸭嘴龙的头骨皆显高，其枕部宽大，面部加长，前上颌骨和鼻骨也前后伸长，嘴部宽扁，外鼻孔斜长。特化的前上颌骨和鼻骨构成明显的嵴突，形成角状突起。下颌骨上的齿骨和上隅骨形成的冠状突发育完全，后部反关节突显著。上下颌齿列复排，每个额骨上有45～60颗牙齿皆垂直复叠。珐琅质只在牙齿一侧发育。颈椎15节，背椎13～15节，荐椎8～11节，尾椎较多，其确切数目因个体而异。颈椎和背椎椎体为后凹型，背椎神经弧较高，尾椎侧扁，其神经棘和脉弧皆很发达。肠骨的前突平缓，后突宽大，耻骨前突扩展成桨状，棒状坐骨突几乎成垂直状态，有的个体的坐骨远端也扩大。前肢短于后肢，肱骨为股骨的一半长，桡骨与肱骨等长，前足的第二、三、四指较第一、五指发育较好，前足的各连接面粗糙。胫骨短于股骨，后足的第一指消失或仅有残迹，而第五指完全消失，第三跖骨较长，后足已发育成鸟脚状。另外，前后足各指皆有爪蹄状末趾。

生活习性

虽然鸭嘴龙可能四足而行，但大多数古生物学家相信鸭嘴龙主要是以二足行走，使身体保持平行姿态，尾部向后保持平衡。鸭嘴龙体型较爱德蒙脱龙稍小，主要以柔软植物、藻类或软体动物为食。

副栉龙

副栉龙又名副龙栉龙，意为"几乎有冠饰的蜥蜴"，是鸭嘴龙科的一属，生存于晚白垩纪的北美洲，7600万～7300万年前。目前已有三个被承认种：模式种沃克氏副栉龙（P. walkeri）、小号手副栉龙（P. tubicen）以及短冠饰副栉龙（P. cyrtocristatus）。副栉龙的化石发现于美国亚伯达省、新墨西哥州、犹他州。副栉龙是种草食性恐龙，可以以二足或四足方式行走。

副栉龙资料

恐龙名称：副栉龙

恐龙体长：约9米

恐龙身高：不详

恐龙体重：不详

恐龙食物：草食

所属类群：鸟臀目–鸟脚亚目–鸭嘴龙科

生存年代：白垩纪晚期

分布区域：美国、加拿大

外形

如同其他鸭嘴龙类，副栉龙是二足恐龙，但可以转换成四足行走。副栉龙可能在寻找食物时采用四足方式，而在奔跑时采用二足方式。副栉龙脊椎上的神经棘高大，这特征常见于赖氏龙亚科恐龙，这特征增加了它的背部高度，使其超过臀部的高度。已发现沃克氏副栉龙的皮肤痕迹，显示皮肤上有瘤状鳞片。

副栉龙最著名的特征是头顶上的冠饰，由前上颚骨与鼻骨所构成，从头部后方延伸出去。在沃克氏副栉龙模式标本的脊椎上，一个可能是冠饰接触到背部的地方，神经棘上有个凹口，但这可能是该个体的病理。给副栉龙命名的威廉·帕克斯假设，从冠饰到脊椎凹口有个韧带用来支撑头部，但这似乎不太可能。在许多重建模型里，副栉龙的冠饰到颈部则是有块皮膜。

副栉龙的冠饰是中空的，内部有从鼻孔到冠饰尾端，再绕回头后方，直到头颅内部的管。沃克氏副栉龙的管最简单，而小号手副栉龙的管最复杂，有些管是不通的，而其他管是交叉、分开的。沃克氏副栉龙、小号手副栉龙的冠饰较长、微弯，而短冠副栉龙的冠饰较短。

生活习性

副栉龙的前肢十分健壮，这样既能让它们在四足行走的时候以此来支撑身体，还能用来游泳、涉水。它们以植物为食，在进食的过程中，副栉龙会利用非常敏锐的感觉保持高度的警惕，一旦发现敌人靠近，它们就会迅速逃离，它们身体表面暗的皮肤也是躲避其他肉食性恐龙袭击的有效工具。另外，古生物学家认为，副栉龙还是一种群居性动物。

🦕 戟龙

戟龙又名刺盾角龙，在希腊文意为"有尖刺的蜥蜴"，是草食性角龙下目恐龙的一属，生存于白垩纪坎潘阶，7650万～7500万年前。

戟龙资料

恐龙名称：戟龙

恐龙体长：约3.5米

恐龙身高：约1.8米

恐龙体重：约6吨

恐龙食物：草食

所属类群：鸟臀目–角龙亚目–角龙科–尖角龙亚科–戟龙属

生存年代：白垩纪晚期

分布区域：美国、加拿大

外形

戟龙是一种大型恐龙，身长大约5米，身高约1.8米，体重约6吨，它们的鼻骨上长着一个巨大而直立的尖角，这个尖角能刺穿其他肉食性恐龙的皮肤和肉，这是它们不可忽视的一种武器。

戟龙拥有短四肢，以及笨重的身体。戟龙的尾巴相当短。喙状嘴，以及平坦的颊齿，显示它们是草食性恐龙。

戟龙的头颅非常巨大，拥有大型鼻孔，原型标本鼻部上高大的角有50公分长，头盾上有4~6个尖角，数量依物种不同而不同。头盾上4个最长的角，每个几乎跟鼻部的角一样长，50～55厘米。戟龙头盾的较低部分有较小的角，类似尖角龙头盾上的小角。如同大部分角龙科恐龙，戟龙头盾上有大型窝窗。嘴部前方是缺乏牙齿的喙状嘴。戟龙眼睛上方有微小、未发展的眉角。

生活习性

戟龙是草食性恐龙，根据它们的头部高度推测，戟龙可能主要以低高度植被为食。然而，它们也可能用头角、喙状嘴以及身体撞倒较高的植物。戟龙的颚部前端具有纵深、狭窄的喙状嘴，被认为较适合抓取、拉扯，而非咬合。

戟龙的生活方式为群居，多与其他角龙类及植食恐龙共栖，以大群体方式迁徙，主要生活于白垩纪末加拿大的艾伯塔和美国的蒙大拿。戟龙性格温顺却敢于和肉食恐龙对抗，甚至敢反击霸王龙类。被戟龙的鼻角顶中将是致命伤，戟龙颈盾周围的尖刺能够有效保护颈部，而很多时候戟龙不用参战，只需要晃晃满头的尖角就能吓退多数进攻者。

尖角龙

尖角龙生活于白垩纪早期的北美洲。化石发现于加拿大亚伯达省的恐龙公园组地层，距今7650万～7550万年前。

尖角龙资料

恐龙名称：尖角龙

恐龙体长：6~8米

恐龙身高：不详

恐龙体重：3～4吨

恐龙食物：草食

所属类群：鸟臀目–角龙下目–角龙科–尖角龙亚科

生存年代：白垩纪晚期

分布区域：美国、加拿大

外形

尖角龙是种中型恐龙，身长6～8米，重3～4吨，身体由结实的四肢来支撑。如同其他的尖角龙族，尖角龙的鼻端有一大型鼻角。随着物种的不同，鼻角可能向前或向后弯曲。尖角龙的眼睛上也有一对小型额角，有些尖角龙的额角是向上弯曲的，有些尖角龙却是向侧弯曲的。尖角龙的头盾是普通长度，上有大型洞孔，头盾周围则有小型的角。

尖角龙的特征是头盾顶端有两个向前的小角，而布玛尼尖角龙的头盾顶端，也有这两个小角，但体积更小。

在尖角龙的脖子上方有一个骨质颈盾，边缘有一些小的波状隆起。科学家认为，这个颈盾大概是地位的象征。估计有些尖角龙的颈盾上色彩亮丽，使它们看起来与众不同，这有助于它们吸引异性。

因为尖角龙的头、颈盾同身子比较起来显得十分的巨大，就需要它有很强壮的颈部和肩部。即使是晃动一下脑袋，也会使它的骨骼承受不小的压力。因此，尖角龙的颈椎紧锁在一起，有极强的耐受力。

生活习性

如同其他的角龙科，尖角龙的颌部是用来咬碎植物的，而头盾则是巨大颌部肌肉的附着点。这一直也是生物学家们争论的主题之一，根据曾挖掘出的带有伤痕的尖角龙颈盾化石能推断出，颈盾可以作为尖角龙抵抗掠食动物的有力武器，同样也可以作为同类之间争夺异性或食物而进行打斗的工具。一些专家学者还认为，同类恐龙还可以通过鼻角和颈盾的细微差别而相互区分，这样能起到视觉上的辨识物的作用。

🦕 盔龙

盔龙，又名冠龙、鸡冠龙、盔头龙或盔首龙，意为"头盔蜥蜴"，是鸭嘴龙科赖氏龙亚科下的一属，生活于白垩纪早期的北美洲，约7500万年前。

盔龙资料

恐龙名称：盔龙

恐龙体长：约9米

恐龙身高：不详

恐龙体重：2.8～4.1吨

恐龙食物：植食

所属类群：鸟臀目-鸭嘴龙科-冠龙族

生存年代：白垩纪晚期

分布区域：美国、加拿大

外形

盔龙属于鸭嘴类恐龙，是一种大型恐龙，生活在6700万年前，身长可超过9米，足足有一辆公共汽车那么长，后腿粗壮、脚掌阔大，主要用两只后足行走。前颌骨和鼻骨在头顶上形成一个高高的盔甲状突起，因此得名。盔龙具有少见的盔状脊，这个脊可能用于发出声音。

盔龙的脸有点像鸭子，头顶上还有个中空的冠子，但是雄性的头冠明显比雌性的要大，它的喙里一颗牙也没有，但嘴里却有上百颗牙齿，它用没牙的喙嘴咬断细枝或树叶和松针，然后放入它后面成排的牙齿间磨碎。盔龙不仅会用牙齿来研磨植物，并且会进行牙齿的更换。

生活习性

盔龙主要生活在水里，也能上陆觅食。它们行走时靠两足行走，前臂较短。它有着又长又胖的尾巴，进食时用较短的前腿支撑身体。它的脚趾上没有锋利的爪，所以它无法抵御肉食恐龙的袭击。

至今已发现超过20个盔龙的头颅骨，就像其他的赖氏龙亚科，它的头颅骨顶端有高的骨质头冠，内有延长的鼻腔。盔龙的鼻腔一直伸延至冠饰，可能是用来发声的，作为扬声沟通器，或是吓阻掠食动物。

科学家推测盔龙能够发出低频的声音，类似管乐器。由于盔龙手掌及脚掌有蹼，所以一直以来认为它们是生活在水中的恐龙，但是后来又发现了它们身上发现这些蹼状组织，其实是肉质组织，是哺乳动物身上的特征。

化石研究

迄今已发现20多个盔龙的头骨。这些高而空的骨质头冠包围卷曲的鼻腔通道。盔龙的性别和年龄不同，头冠的大小和形态也不相同。盔龙食树叶、果实，皮肤化石显示有细鳞，细鳞没有重叠，就像大多数爬行类一样。盔龙最明显的特征就是头冠，就像半只碟子。坐骨末端膨大成足状，是兰博龙亚科的共性。像所有鸭嘴龙一样，盔龙也有鸭嘴，颊齿密集排列，颈部呈"U"形，骨质腱强化了背椎和尾椎。1975年宾夕法尼亚大学比较解剖学家P.杜德森仔细测量赖氏龙头骨后认为：只有雄性盔龙具有大而丰满的头冠，雌性和幼年的盔龙仅有小的头冠。

包头龙

包头龙属是甲龙科下的一个属，又名优头甲龙，是甲龙科下最巨大的恐龙之一，体型与小象相似。它也是甲龙下目中拥有最完整的化石记录的恐龙，化石包括它的尖刺装甲及巨大的棍棒尾巴。找到的化石标本显示包头龙过着孤独的生活，虽然全副武装，但它仍可以轻巧地快速前进。

包头龙资料

恐龙名称：包头龙

恐龙体长：6～7米

恐龙身高：不详

恐龙体重：约2吨

恐龙食物：植食

所属类群：鸟臀目–装甲亚目–甲龙科

生存年代：白垩纪晚期

分布区域：加拿大、美国

外形

包头龙体长6~7米，重2吨。它的身体阔2.4米，身体低，四肢短。后肢比前肢大，四肢都有像蹄的爪。1996年，在玻利维亚苏克雷发现了甲龙类的脚印，估计包头龙是以一般速度行动。它的头颅骨像其他的甲龙下目是扁平、厚且呈三角形的，只有很小的空间存放脑部。口部是有角的喙，牙齿弱小像钉子。它的颈部很短。

包头龙类的整个头部及身体都由装甲带所保护，不过它却仍保持了一定的灵活性。这些装甲可以覆盖其眼帘。每一个装甲带是由嵌入在厚皮肤上的厚椭圆形甲板组成，皮肤布满只有10～15厘米的短角刺（像鳄鱼）。除了这些角刺外，包头龙的颅后亦有大角。尾巴是由硬化的组织组成，与尾骨结合在一起。它的尾巴末端是一个骨质的棍棒，尾巴上有发达的肌肉，棍棒可以随意地向两边挥动来防卫。

生活习性

包头龙生活于8500万～6500万年前，是草食性恐龙，它的身体中最有特色的应该是结构复杂的鼻子了，它有着特别灵敏的嗅觉。它们四肢灵活，常常喜欢挖掘一些坑洞，不过牙齿并不尖锐，所以它们只能吃一些低矮的植物或茎状植物，包头龙的骨骼化石在发现时都不是成块的，所以科学家认为包头龙可能是独居恐龙，但是1988年科学家又发现了22只包头龙的幼龙族群化石，因此，也有可能它们在幼年时是群居的。

除了腹部以外，包头龙的全身都有装甲，如果要进攻它们，就必须要将它们翻过来。在加拿大艾伯塔省进行的恐龙骨骼研究支持这个观点，显示在鸭嘴龙上有很多咬痕，但包头龙等甲龙身上却没有找到这样的痕迹，专家经过分析认为，狩猎包头龙是很危险的，因为只要它们一摇动尾巴，就很有杀伤力。

特暴龙

特暴龙意为"令人害怕的蜥蜴"，是种大型兽脚亚目恐龙，属于暴龙超科，是霸王龙的远亲。特暴龙生存于晚白垩纪的亚洲地区，7000万～6500万年前。特暴龙的化石大部分是在蒙古发现，而在中国发现了更多破碎骨头。过去特暴龙曾经有过许多的种，但目前唯一的有效种为勇士特暴龙，又译勇猛特暴龙。特暴龙最长可达12米，最重7.5吨。和近亲相比，特暴龙吻部较窄，腿虽然长但按照比例不如近亲长，前肢比例是暴龙科里最短小的，身体很粗壮。

特暴龙资料

恐龙名称：特暴龙

恐龙体长：9～12米

恐龙身高：约4.2米

恐龙体重：3～5吨

恐龙食物：肉食

所属类群：蜥臀目-兽脚亚目-暴龙科-暴龙亚科-特暴龙属

生存年代：白垩纪晚期

分布区域：中国、蒙古国

外形

最大型的暴龙科恐龙之一就包括特暴龙，它们的身体长度有9～12米，高约4.2米，虽然它们身躯庞大，但和暴龙相比，身体还是略小。

成年特暴龙的身体体重为3～5吨重，而已发现的特暴龙的化石最重可达到7.5吨。和大部分的暴龙相同，它们也是大型的肉食性恐龙，不但身体庞大，且有着很锐利的、可以撕碎食物的牙齿。

从身体构造上来说，特暴龙的前肢是暴龙科中最小的，而下颌也有着特殊的接合构造。特暴龙的鼻骨与泪骨间并没有骨质连接，但上颌骨的后方有个大型突起，楔合入泪骨内，而北美洲暴龙的上颌骨后突很小。这样看来，咬合的力量从特暴龙的上颌骨直接传递到泪骨。而泪骨与额骨、前额骨之间更为牢固。由于上颌骨、泪骨、额骨、前额骨之间牢牢地固定着，使得上颌非常坚固。

除此之外，还有个典型的差别：它们有坚固的下颌，很多兽脚类恐龙，当然，也包括北美洲暴龙科，下颌的齿骨与后面骨头间有灵活的关节。特暴龙的隅骨侧边棱脊连接着齿骨后方的方形突，使它们的下颌无法灵活地内外扳动。

朝向两侧的眼睛，以及狭窄的颅骨，这些构造都表明它们并不是依靠视觉生存的，而是依靠嗅觉和听觉。

生活习性

特暴龙是同时期位于食物链顶端的动物，它们擅长掠食，甚至会掠杀大型肉食性恐龙，如鸭嘴龙，或是蜥脚类的纳摩盖吐龙，常常逃不过它们的"追杀"。

成年特暴龙也许会与其他小型兽脚类恐龙存在食物的争夺，这些小型兽脚类有伤齿龙科的无聊龙、鸵鸟龙、蜥鸟龙，以及偷蛋龙下目的单足龙、瑞钦龙，或者还有小掠龙，一种有时被认为是基底暴龙超科的恐龙。其他的兽脚类恐龙，包括巨大的镰刀龙、似鸟龙下目的似鹅龙、似鸡龙、恐手龙，镰刀龙可能是草食性，而其中似鸟龙类恐龙也许是杂食性恐龙，它们多半以小型动物为食，并不与特暴龙争夺食物。

南方盗龙

南方盗龙是驰龙科恐龙，化石发现于阿根廷，据推测，生存于白垩纪晚期，约7000万年前。南方盗龙是一种中型的地栖双足食肉动物，长度为5～6米，是南半球最大的驰龙科恐龙。

南方盗龙资料

恐龙名称：南方盗龙

恐龙体长：5～6米

恐龙身高：不详

恐龙体重：不详

恐龙食物：肉食

所属类群：蜥臀目-兽脚亚目-驰龙科-半鸟亚科-南方盗龙属

生存年代：白垩纪晚期

分布区域：阿根廷

外形

南方盗龙的身长约5米，是种大型驰龙类恐龙，是南半球所发现的体型最大的驰龙类恐龙。与其他驰龙类相比，南方盗龙的前肢相当短。其短小的前肢，与暴龙相似。

化石研究

生物学家对南方盗龙的化石标本进行研究发现了南方盗龙与其他盗龙类的不同特征。南方盗龙的头骨较长约80厘米。其头骨带有一些类似伤齿龙

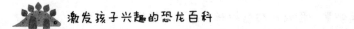

科的特征。它的前肢非常短小，肱骨的长度只有股骨的一半。南方盗龙的牙齿呈圆椎状，没有锯齿状边缘，因此有其他科学家认为南方盗龙类似棘龙科恐龙。

埃德蒙顿龙

埃德蒙顿龙，又名艾德蒙托龙、爱德蒙脱龙，是鸭嘴龙科下的一属恐龙，生活于上白垩纪的麦斯特里希特阶，距今7100万～6500万年前。

埃德蒙顿龙资料

恐龙名称：埃德蒙顿龙

恐龙体长：约9米

恐龙身高：不详

恐龙体重：约4吨

恐龙食物：草食

所属类群：鸟臀目－鸭嘴龙科－鸭嘴龙亚科－埃德蒙顿龙族

生存年代：白垩纪晚期

分布区域：加拿大

外形

埃德蒙顿龙头部的前面部分宽敞且平坦，口鼻部与鸭子有点相似，并没有头冠，尾巴长而窄。前肢短于后肢，但前肢亦有足够长度，仍适宜四足行走。

已经成年的埃德蒙顿龙长度足足有9米长，在发现的埃德蒙龙化石中，最长的标本可达13米长，体重约4吨，是最重的鸭嘴龙科之一。

埃德蒙顿龙的头骨长度约1米，帝王埃德蒙顿龙的头骨较长，埃德蒙顿龙的头部侧面略呈三角形，而且没有骨质头冠。若从头骨的上方看，头部的前端与后段较宽，中段狭窄。埃德蒙顿龙具有喙状嘴，由角质组织覆盖。埃德蒙顿龙的眼眶具有巩膜环。

埃德蒙顿龙的牙齿只存在于上颚骨与齿骨上，且会一直长出新牙齿，进而取代旧牙齿，不过一颗牙齿长出来需要一年的时间。

埃德蒙顿龙的脊椎数量并不是一成不变的，而是会随着不同种而变化的，帝王埃德蒙顿龙有13节颈椎、18节背椎、9节荐椎，尾椎的数量则不清楚。埃德蒙顿龙的背部与尾巴脊椎骨具有骨化肌腱，可使背部与尾巴保持僵硬。这些骨化肌腱被认为可以提供四肢以外的额外支撑脊椎。它的肩胛骨长而平坦，类似刀状，与脊椎平行。骨盆包含三块骨头：长的肠骨、长而薄的坐骨、板状的耻骨。骨盆的结构让埃德蒙顿龙能以二足方式站立，而9节愈合的荐椎也使骨盆更加牢固。

生活习性

埃德蒙顿龙分布广泛，北至阿拉斯加州，南到科罗拉多州，其中包含北极区，因此有科学家推测埃德蒙顿龙可能是迁徙动物，到了冬天它们就会前往更为暖和的地带。

埃德蒙顿龙能在双足和四足之间切换行走，虽然前肢较后肢短，但前肢亦有足够长度，仍适宜行走。前肢的二指有蹄爪，以及像圆顶龙一样的肉垫，可协助分担重量。后脚有三趾，且都是有蹄爪的。下肢的骨骼结构显示，脚掌与脚之间由强壮的肌肉所连接。脊骨在肩膀区段向下弯曲，所以它应该是低姿势吃近地面的食物。曾有一项研究表明，埃德蒙顿龙能以每小时45千米的时速移动。

🦕 独角龙

独角龙生活在白垩世晚期的北美洲，约8000万年前与尖角龙是近亲。一部分科学家认为独角龙就是尖角龙。独角龙的鼻角非常尖利，可以刺穿掠食者的皮肉。

独角龙资料

恐龙名称：独角龙

恐龙体长：约6米

恐龙身高：约1.8米

恐龙体重：约3吨

恐龙食物：草食

所属类群：鸟臀目－角龙亚目－角龙科－尖角龙亚科

生存年代：白垩纪晚期

分布区域：加拿大

外形

独角龙约有6米长，1.8米高，体重约3吨，辨认独角龙的主要方法是观察它们的鼻骨上方有一个尖角向前、向上延伸，这个尖角就像现代的犀牛的角一样，是它们自卫的武器。

生活习性

如同所有角龙类恐龙，独角龙是草食性的。在白垩纪期间，开花植物生长的地理范围有限，所以独角龙可能以当时的优势植物为食，例如蕨类、苏铁、针叶树。它们可能使用锐利的喙状嘴咬下树叶或针叶。

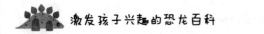

鲨齿龙

鲨齿龙，又名望齿龙，名字的含义是"像噬人鲨的蜥蜴"，属于兽脚亚目鲨齿龙科，生活于1亿~9300万年前的白垩纪中期到白垩纪晚期。鲨齿龙是种巨大的肉食性恐龙，也是目前发现的最大的兽脚亚目和食肉恐龙之一，成年的鲨齿龙估计可达14米，体重6~11.5吨。体型超过了奥沙拉龙、魁纣龙、南方巨兽龙和西雅茨龙。主要特征包括：极其锋利并类似鲨鱼的牙齿、大而酷似骷髅眼睛的眶前孔、较为短小的前肢、巨大而长的头颅骨、比例上较窄的吻部、瘦的躯干、比例上略微短的后肢。

鲨齿龙资料

恐龙名称：鲨齿龙

恐龙体长：8~14米

恐龙身高：4.5米以上

恐龙体重：6~11.5吨

恐龙食物：肉食

所属类群：蜥臀目-兽脚亚目-鲨齿龙科

生存年代：白垩纪晚期

分布区域：非洲

外形

鲨齿龙身长最长14.1米，体重6~11.5吨，臀高最高4米，头长1.5~1.8米。

辨认要诀：牙齿非常类似大白鲨，极其锋利但单薄，眶前孔很大，像骷髅的眼睛，前肢比较短，吻部按比例较窄，头骨宽度比例上较细，身体瘦。

生活习性

撒哈拉鲨齿龙是迄今为止发现的最大的肉食性恐龙之一，根据化石推测，它们的体型仅次于棘龙、南方巨兽龙。在那个时代的那个地区，鲨齿龙几乎没任何对手，是十分凶悍的陆地生物之一。

化石研究

1931年，古生物学家发现了鲨齿龙的牙齿和一些残骸。1944年4月24日，英国皇家空军在第二次世界大战中野蛮地炸掉了这具在他们看来很奇怪的鲨齿龙头骨化石。战后，美国生物学家保罗·塞雷诺为了能修复被损坏的鲨齿龙头骨，便和团队成员一起深入非洲考察，考察环境十分恶劣，不过他们并没有放弃。1995年，他们终于在撒哈拉大沙漠中找到了另外一个鲨齿龙大部分头骨化石和新品种三角洲奔龙的化石。

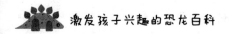

原角龙

原角龙在希腊文意为"第一个有角的脸"，是种角龙下目恐龙，生存于上白垩纪坎潘阶的蒙古。原角龙属于原角龙科，原角龙科是一群早期角龙类。不像晚期的角龙类恐龙，原角龙缺乏发展良好的角状物，且拥有一些原始特征。

原角龙资料

恐龙名称：原角龙

恐龙体长：1.6～2米

恐龙身高：不详

恐龙体重：约180千克

恐龙食物：草食

所属类群：鸟臀目–新角龙亚目—角龙科

生存年代：白垩纪晚期

分布区域：蒙古国

外形

原角龙是草食性动物，肩膀高0.6米，身长1.6~2米，一头成年原角龙的体重能长到180千克，科学家在发现原角龙化石时，发现它们是集中在一起的，这可以表明原角龙是群居动物。

原角龙是种小型恐龙，它的身体虽然小，头颅却占据了大部分，嘴内肌肉强壮，咬合力高。嘴内有多列牙齿，能轻松咀嚼坚硬的植物，有大型喙状嘴和四对洞孔。最前方的洞孔是鼻孔，可能比较晚期角龙类的鼻孔还小。原角龙的眼眶很大，眼睛后方是个稍小的洞孔，称为下颞孔。

原角龙的头盾由大部的颅顶骨与部分鳞骨所构成。而头盾本身则有两个颅顶孔，而颊部有大型轭骨。头盾的大小与形状随着个体的不同而有所不同；有些标本有短小的头盾，有些头盾接近头颅的一半长度。

研究人员认为，原角龙之所以头盾大小不同、形状不同，主要是由于性别差异和年纪变化。

生活习性

原角龙的眼睛很大，有一些研究认为它是一种夜间活动的动物，直到2011年，科学家将恐龙、现代鸟类与爬行动物的巩膜环大小进行了比较，才提出了原角龙可能属于无定时活跃性动物的说法，即觅食、移动与是否在白天还是黑夜并没有关系，它们的休息时间也很短。不过，顺便一提，与原角龙生活在同一时期的伶盗龙可能是夜行性动物，著名的原角龙、伶盗龙打斗化石，可能是发生在夜间或光线昏暗的清晨、黄昏。

🦕 五角龙

五角龙的身长约8米，体重估计约为5.5吨。化石大部分发现于美国新墨西哥州圣胡安盆地的科特兰地层，地质年代为晚白垩纪，7500万～7300万年前。

与五角龙生存于同一地区的恐龙包含：短冠副栉龙、厚头龙下目的倾头龙、甲龙类的结节头龙、可能还有暴龙科的惧龙。五角龙的化石纪录，明确分隔了莱蒂斯河动物群的结束、科特兰动物群的开始。

五角龙资料

恐龙名称：五角龙

恐龙体长：约8米

恐龙身高：不详

恐龙体重：约5.5吨

恐龙食物：草食

所属类群：鸟臀目-角龙亚目-角龙科-角龙亚科-五角龙属

生存年代：白垩纪晚期

分布区域：美国

外形特征

五角龙之所以得名，是因为古生物学家一开始认为它面部长有5只角。实际上，它只有常见的3只角：鼻拱上1只直角，眉拱上2只角。古生物学家看到的另外2只角，不过是拉长了的颧骨。五角龙最特别的地方是它头部的大小。1998年复原的1只五角龙颧骨，长度超过3米。它颈部的褶边也十分巨大，边缘上有三角形的骨突。五角龙的整个身体构造很结实，尾巴短，末端很尖。

五角龙外观和开角龙相似，但体形较大，拥有比开角龙更叹为观止的中空的颈部盾板，因此科学家认为其盾板不够坚固，应该是用来威吓敌人或如孔雀尾部一般用来求偶的。

化石研究

五角龙的第一块化石发现于新墨西哥州的圣胡安盆地，发现者是查尔斯·斯腾伯格，亨利·费尔费尔德·奥斯本于1923年对其进行命名和叙述，为了纪念斯腾伯格，亨利·费尔费尔德·奥斯本将其取名为sternbergii。

与三角龙的头骨相比，五角龙的头骨更大，上面有两个很大的洞孔。1930年，卡尔·维曼叙述了第二个种——孔五角龙，不过经过研究与探索，发现这一种与五角龙是同一种动物。

2006年，科学家们于科罗拉多州发现了更多的五角龙化石。五角龙目前只有一个种，斯氏五角龙。

古生物学家托马斯·M.雷曼发现，墨西哥州唯一的茱蒂斯河群角龙类就是五角龙，在白垩纪晚期的北美洲，大型草食性动物比如角龙类恐龙都有很明显的地理分布特点，而这与它们的体形高大、高度移动性相反，现代草食性哺乳动物则具有较广的地理分布，可横跨数个大陆。在该时期的北美洲南部，五角龙、克里托龙、副栉龙是该地区的优势植食性恐龙。这个地区物种数量并不多，其中赖氏龙亚科、尖角龙亚科的物种数量较少。

第05章

恐龙灭绝之谜：神秘生命为何在地球上销声匿迹

关于恐龙灭绝的原因说法有很多，有的说是火山爆发，有的说是小行星撞击地球，有的则说是气候变化，但恐龙为什么突然消失，至今未有肯定的答案。接下来，让我们了解更多关于恐龙灭绝的知识，试着解开这个千古之谜。

小行星撞击说

前面章节中，我们已经提及，恐龙最早出现在约2.35亿年前的三叠纪晚期，灭亡于约6500万年前的白垩纪晚期发生的白垩纪生物大灭绝事件。

2亿多年前的中生代，许多爬行动物在陆地上生活，因此中生代又被称为"爬行动物时代"。它们不断地分化成各种不同种类的爬行动物，有的变成了今天的龟类，有的变成了今天的鳄类，有的变成了今天的蛇类和蜥蜴类，其中还有一类演变成今天遍布世界各地的哺乳动物。

恐龙是所有陆生爬行动物中体格最大的一类，很适宜生活在沼泽地带和浅水湖里。那时的空气温暖而潮湿，食物也很容易找到，所以恐龙在地球上统治了1亿多年的时间。但不知什么原因，它们在6500万年前很短的一段时间内突然灭绝了，如今人们看到的只是那时留下的大批恐龙化石。

有关恐龙绝灭原因的假说很多，但最有名的莫过于美国科学家路易斯·阿尔瓦雷茨父子于20世纪70年代提出的小行星撞击理论了。

所谓小行星撞击说，又称"阿尔瓦雷茨假说"，20世纪70年代，来自美国加州大学伯克利分校的物理学教授路易斯·阿尔瓦雷茨（诺贝尔物理学奖获得者）与其儿子沃尔特·阿尔瓦雷茨共同提出了这一假说，在关于恐龙灭绝的众多假说中，这一假说最为人们接受。这一假说指出，杀死恐龙的罪魁祸首是小行星的撞击。

提出者认为，6500万年前，一颗直径约为10千米的小行星与地球相撞，发生了猛烈的大爆发，爆发产生了大量的尘埃抛洒入大气层中，导致了数月之内阳光被遮挡，大地一片黑暗寒冷，植物枯死，食物链中断，包括恐龙在内的很多动物灭绝。

现在，在撞击现场的新发现已经与恐龙灭绝的时间线相吻合，为这一理论提供了重要依据。研究人员在《科学进展》杂志上宣布，他们已经将陨石坑中发现的小行星尘埃的化学成分与其他样本进行了匹配，这些样本的年龄与大灭绝的确切时间相吻合。科学家已经确定，大概在6500万年前确实发生了小行星撞击地球的事件，也造成了空前的生态环境灾难，地球的生态系统遭到了严重破坏。

由于科学家已掌握了大量的证据，小行星看似已经无法洗刷自己的"罪名"。然而，小朋友们是否想过，小行星真的是"屠龙凶手"吗？如果6500万年前小行星没有撞击地球，恐龙是否就会一直繁衍到今天？小行星究竟对白垩纪末期的大绝灭事件负有多大的"责任"？这些谜题至今无人能解，期待着小朋友们去探索、去发现。

气候变迁说

从三叠纪到白垩纪，恐龙都是地球上的霸主，地球上的海陆空都被它们占据了，这说明地球上当时的自然环境适宜恐龙的生存。然而，恐龙到白垩纪晚期后逐渐灭绝了，灭绝原因引起了科学家们的种种猜测，其中，持气候变迁说的学者也不在少数。

这一假说认为，大约在6500万年前，地球上的气候突然改变，气温骤然下降，在低温环境下，恐龙无法生存。同时，一些学者认为，恐龙本就是冷血动物，身上没有毛发御寒，无法适应地球气温的下降，都被冻死了。

了解一下地球的发展史，我们就能知道，在中生代早期三叠纪时期之前，地球上的大陆板块都是连接在一起的，但是在经历了板块运动之后，各大陆之间不断分离，随之带来的是各个海域的生态环境的变化、缩小甚至是消失。

当泛古陆逐渐靠近赤道，气候变得干旱而炎热，很多湖泊、河流被蒸干或缩小，恐龙赖以生存的家园也就消失了，它们不得不挤在少数的湖泊中，一方面它们需要每天继续觅食，另一方面必须要依靠水来支撑笨重庞大的身体，唯一的办法就是成天"泡"在水中。恐龙属于冷血型动物，需要靠外部的气候来调解体温，太过寒冷或是太过炎热，它们都难以生存。最终，这些恐龙因为无法适应气候的变化而灭绝了。

火山爆发说

这一假说认为，因为长时间的火山爆发，二氧化碳大量喷出，造成地球急剧的温室效应，使得植物死亡。而且，火山喷火使得盐素大量释出，臭氧层破裂，有害的紫外线照射地球表面，造成大量生物灭亡。

即使是主张火山爆发导致了恐龙灭绝的学者，也有两种观点。

第一种观点认为，火山爆发后，造山运动也开始了，与此同时，陆地的面积缩小了，地球环境随之发生了巨大的改变。其后因为火山灰的出现温度变热，在这样的环境下，恐龙无容身之地而逐渐死去。

第二种观点认为，火山猛烈爆发，对环境产生巨大影响，大规模的火山活动，能产生大量尘埃和一氧化氮等有毒气体，因此，把恐龙置于死地。很明显，这种观点比第一种观点更具有说服力。

1972年美国一位科学家指出，在白垩纪与第三叠纪相交的时间里，印度的德干地区曾发生过大规模的火山活动，产生了大量的熔岩流，也就是今天所说的德干高原玄武岩，它的厚度达2400米。

这种大规模的猛烈的喷发，使铱富集于地壳表面，大量的火山灰、硫酸盐和二氧化碳喷到大气层中，最终导致海洋酸化，使海洋生态衰竭，气候也随之发生了剧变，对于只能适应恒定气温的恐龙而言，这绝对是它们无法忍受的，于是恐龙就慢慢灭绝了。

当然，有人反驳这种观点。

他们认为火山爆发只会引起某一地区的恐龙死亡，而不会导致全球性的灭绝。

　　时间是如此的遥远，在6500万年前究竟发生了什么？谁都无法肯定，只是尽力地推测这个谜团罢了。所以，火山爆发也只是人们的推测之一。

海啸加速灭亡说

一些科学家提出，大约在6500万年前，小行星撞击地球，导致了全球范围内的一场海啸，进而导致了地球上恐龙的灭绝，并且这些科学家还给出了证据，在墨西哥靠近圣·罗萨利奥的海岸峡谷中，确实在那个时间段发生过一次巨大的海啸。

科学家认为，当时海啸的成因可能有两个：一个是小行星撞击地球直接撞击到的是海洋；另一个则是小行星的冲击导致海中也同时发生了海底峡谷滑坡，与此同时，大量的海水向海岸冲刷过去，就形成了海啸。事实上，很多科学家们早就发现，多年前导致西大西洋一直到纽芬兰岛的山体滑坡现象的"罪魁祸首"就是大型海啸。

看到这里，小朋友也许会发出一连串的疑问：为什么海啸会引发恐龙的灭绝呢？恐龙不是生活在陆地上吗？别着急，继续往下看。

其实，此次海啸不仅给海洋生物带来了灭顶之灾，也让众多陆地上的生物遭受了前所未有的灾难。据欧洲著名生物学家理查德·诺里斯·塔克称，海啸使当时的海平面上升了许多，陆生植物遭到海水的侵袭纷纷死亡，而动物也因为找不到食物纷纷死去。据此科学家推断，正是因为小行星引发的大海啸，加快了恐龙灭绝的速度。小朋友这下明白两者间的联系了吧。

超新星爆发说

正当"小行星撞击地球"说法被很多人接受时，还有一个靠谱的说法被提出——超新星爆发假说。

这是因为在20世纪70年代末，阿多瓦雷斯在意大利古比奥白垩纪末的黏土层中，发现稀有元素"铱"的含量要比正常含量高出几十倍。这种现象显然很不正常，所以有人说："这种情况也可能是超新星爆发形成的。"这种说法得到了很多科研人员的关注，最终，根据考古学家的勘测，在1957年，前苏联科学家克拉索斯基提出了"超新星大爆发"说。

"超新星爆发"具体是什么呢？简单来说，超新星爆发是天体中的爆发现象，而且是目前已知所有天体中最剧烈的一种爆发。其实天体爆发现象并不是很罕见，据天文学家介绍，在漫漫宇宙中，每200年，就有几次"超新星爆发"。这些爆发产生的影响有大有小，按照这种推论，地球上曾经的霸主几乎一夜之间全部灭绝的现象，也许就是超新星爆发造成的影响。

超新星爆发具体会产生哪些影响？科研人员指出，超新星一旦爆发，会瞬间释放出很多高能量的辐射，这会给地球上的生物带来毁灭性的危害。比如"核辐射"，这个名词小朋友们早已不陌生了，它是导致癌症的重要因素之一。而超新星爆发产生的辐射同样恐怖，它会破坏生物体中的骨骼和肉体，导致生物大量死亡。

紧接着，地球上的气温也会受到影响，旱、涝、疾病等各种灾害也会频繁发生，这会给地球上的生物带来很大的生存负担，很多生物在没办法找到食物和栖息地的情况下，很有可能会死亡。

　　与此同时，天文地质学研究者徐道一也发现，在我国白垩纪末沉积岩层中有成堆的没有孵化的恐龙蛋化石。这说明什么　？据徐道一解释，这可能是超新星爆发时产生的强辐射，使恐龙的生殖能力和恐龙蛋的孵化率大大降低，恐龙蛋不能或很少能孵出小恐龙，从而使恐龙很快绝种。由此可见，超新星爆发现象造成的影响确实可怕。

温血动物说

在很久以前，人们一直认为恐龙很有可能和其他爬行动物一样是冷血动物或者是变温动物，但是随着对恐龙化石研究的逐渐深入，人们的认识也逐渐发生了变化，有人提出，有些恐龙可能是温血动物。

首先，他们认为有些恐龙行动极为敏捷，它们并不是和蛇一样在地上爬行的，而是借助后面的两肢在地面上跑动，有的恐龙的奔跑时速甚至可以达到90千米，这就表明恐龙有着强大的心脏，以此支撑且维持较高的新陈代谢，这些显然是冷血动物做不到的。

其次，恐龙的食量都相当大，据推测，一头30吨重的蜥脚类恐龙，每天可能要吃掉近2吨食物，只有温血动物才需要这么多的能量。从食肉恐龙远远少于食草恐龙这一事实来看，这一点也是合理的。

另外，还有一些身形较小的恐龙，它们和其他有着裸露皮肤的恐龙不同，它们浑身覆盖了一层羽毛或者毛发，这也是为了防止体温散失。

其他方面，如对骨骼的研究，也能表明它们很有可能是温血动物，温血恐龙的说法一经提出，就受到强烈质疑乃至抨击，但到底事实如何，还很难下定论。

有些人认为恐龙是温血性动物，因此可能禁不起白垩纪晚期的寒冷气候而导致无法存活。因为即使恐龙是温血性，体温仍然不高，可能和现在树懒的体温差不多，而要维持这样的体温，只能生存在热带气候区。同时恐龙的呼吸器官并不完善，不能充分补给氧气，而它们又没有厚毛避免体温丧失，却容易从其长尾和长脚上丧失大量热量。温血动物和冷血动物不一样的地方，就是如果体温降到一定的范围之下，就要消耗体能以提高体温，身体也就很快变得虚弱。它们过于庞大的身躯，不能进入洞中避寒，所以如果寒冷的日子持续几天，可能就会因为耗尽体力而冻死。但是，这种学说有一个疑点，那就是恐龙不都是那么庞大的，也不一定都不能躲进洞里避难，所以这种学说也有不完善的地方。

　　关于恐龙灭绝原因的假说，远不止上述这几种。但是上述这几种假说，在科学界都有较多的支持者。当然，上面的每一种说法都存在不完善的地方。

　　除了上述这些比较著名的说法外，还有许多较鲜为人知的说法，如太阳黑子爆发、传染病、来自宇宙的放射线、太阳系震动说、电磁扰动、地球磁场方向及强弱发生变化等，至于哪一个才是最准确的说法，全凭各人的想法而论，并没有一定的对与错，毕竟恐龙灭亡之谜还没有真正解开。

　　但无论发生了什么，有一点是不容质疑的，那就是恐龙是因为无法适应所发生的事件所造成的影响或改变而灭绝的。

参考文献

[1]魏红霞.恐龙百科[M].北京：北京教育出版社，2015.

[2]英国DK公司.DK儿童恐龙百科全书[M].北京：中国大百科全书出版社，2012.

[3]桑亚春.画给孩子的恐龙百科[M].长春：吉林美术出版社，2020.

[4]童趣出版有限公司.恐龙百科大全[M].北京：人民邮电出版社，2016.